高等职业技术教育“十二五”规划教材——机械工程系列

机械设计基础课程设计指导书

唐 俊 主编

陈 岚 主审

西南交通大学出版社

·成 都·

图书在版编目（CIP）数据

机械设计基础课程设计指导书 / 唐俊主编. —成都：西南交通大学出版社，2014.1（2020.1 重印）
高等职业技术教育“十二五”规划教材. 机械工程系列
ISBN 978-7-5643-2829-0

Ⅰ. ①机… Ⅱ. ①唐… Ⅲ. ①机械设计－课程设计－高等职业教育－教材 Ⅳ. ①TH122-41

中国版本图书馆 CIP 数据核字（2014）第 012340 号

高等职业技术教育“十二五”规划教材——机械工程系列
机械设计基础课程设计指导书
唐 俊 主编

责任编辑	孟苏成
封面设计	墨创设计
出版发行	西南交通大学出版社（四川省成都市二环路北一段 111 号 西南交通大学创新大厦 21 楼）
发行部电话	028-87600564 028-87600533
邮政编码	610031
网址	http://www.xnjdcbs.com
印刷	成都市书林印刷厂
成品尺寸	185 mm × 260 mm
印张	6.25
字数	155 千字
版次	2014 年 1 月第 1 版
印次	2020 年 1 月第 4 次
书号	ISBN 978-7-5643-2829-0
定价	16.00 元

前　言

本书是“机械设计基础”课程的配套教材，是根据教育部最新制定的《高职高专机械设计基础课程教学基本要求（机械类专业适用）》，并结合目前教学改革发展的需要编写的。

本书主要介绍一级圆柱齿轮减速器的设计过程，阐述了一般机械传动装置的设计思路、方法和步骤；系统地汇集了完成课程设计、习题所需的各种资料、图表；有机地集设计指导书、设计资料、参考图、标准、规范为一册，内容简明扼要、实用性强。

在编写中，既注意了设计思路、方法的引导，设计能力的培养，又注意了查阅资料的方便性。在书中还附有必要的图例、设计计算示例等，以期引导学生顺利进行设计，提高学生的设计水平和设计质量。

参加本书编写的有：唐俊（第一、第六、第九、第十、第十三、第十四章）、郑立新（第二、第三、第四、第五、第七、第八、第十一、第十二章），全书由唐俊主编，陈岚主审。

限于编者水平，书中的错漏和不妥之处在所难免，恳请广大读者批评指正。

编　者

2013 年 9 月

目　录

第一章 总 论

一、机械设计基础课程设计的目的

机械设计基础课程设计是机械设计基础课程的最后一个教学环节，其目的是：

（1）使学生树立正确的设计思想，掌握机械设计的一般程序，培养学生认真负责、一丝不苟和严谨的工作态度。这是在组织和指导设计时首先要注意的。

（2）复习、巩固学过的有关课程理论知识，通过在设计实践中具体运用加以深化。培养学生的机械设计能力，使学生掌握机械设计的一般设计方法及重要的基本计算方法。

（3）熟悉机械设计资料，了解有关标准和设计规范，培养查阅设计资料、手册的能力。

此外，通过机械设计基础课程设计的学习，还为专业课课程设计以及毕业设计打下了坚实的基础。

二、机械设计基础课程设计任务及内容

（1）电动机的选择。

（2）传动装置运动和动力参数的确定和计算。

（3）主要零件（齿轮、轴）的设计计算。

（4）轴承、键及联轴器的选择。

（5）箱体、润滑及附件设计。

（6）减速器装配图的设计及绘制（A_1图纸一张）。

（7）零件（齿轮、轴）工作图的设计及绘制（A_3图纸一张）。

（8）设计说明书的编写（一份）。

三、机械设计基础课程设计的方法和步骤

机械设计基础课程设计与机械设计的一般过程相似，从方案分析开始，进行必要的计算和结构设计，利用图纸表达设计结果，以说明书表示设计的依据。由于影响设计的因素很多，机械零件的结构尺寸不能完全由计算决定，还要借助画图、初选参数或初估尺寸等手段，通过边画图、边计算、边修改的过程逐步完成设计。这种设计方法即“三边”设计法。因此，把设计理解为单纯的理论计算，或画出草图便不愿再做必要的修改，都是不对的。课程设计的步骤大致可归纳为：

1. 设计准备

认真阅读设计任务书，明确设计要求、工作条件、内容和步骤；阅读相关资料、图纸，参观实物或模型，了解设计对象；复习课程内容，熟悉有关零件的设计方法和步骤；准备好设计需要的图书、资料和用具；拟订设计计划等。

2. 传动装置的总体设计

确定传动装置的传动方案；选择电动机的型号；计算传动装置的运动和动力参数。约占总工作量的 5%。

3. 传动零件的设计计算

减速器以外的传动零件设计计算（如链传动、带传动、开式齿轮传动等）；减速器内部的传动零件设计计算（如齿轮传动、蜗杆传动等）。约占总工作量的 5%～10%。

4. 减速器装配草图设计

绘制减速器装配草图，选择联轴器，初定轴径；定出轴上受力点的位置和轴承支点间的跨距；校核轴及轮毂联接的强度；选择计算轴承并设计轴承组合的结构；箱体和附件的结构设计等。约占总工作量的 45%。

5. 工作图设计

零件工作图的设计；装配工作图的设计。约占总工作量的 35%。

6. 整理编写设计计算说明书

整理编写设计计算说明书，总结设计的经验和教训。约占总工作量的 5%～10%。

四、机械设计基础课程设计中的注意事项和要求

（1）提倡独立思考，反对盲目抄袭和“闭门造车”，要求认真阅读参考资料，仔细分析参考图例的结构。

（2）掌握“三边”设计法，设计应认真、仔细，对发现的不合理结构和尺寸，应进行必要的修改。

（3）正确处理设计计算和结构设计间的关系，要统筹兼顾。

确定零件尺寸有几种不同的情况：

• 由几何关系推导出的公式，其计算出的尺寸是严格的等式关系。如改变其中某一参数，则其他参数必须相应改变，一般是不能随意圆整或变动的。如齿轮传动的中心距 $a=m（z_1+z_2）/2$，如欲将 a 圆整，则必须相应地改动 z_1、z_2 或 m，以保证恒等式关系。

• 由强度、刚度、磨损等条件导出的计算公式常是不等式关系。有的是零件必须满足的最小尺寸，却不一定就是最终采用的结构尺寸。例如由强度计算出轴的某段直径至少需要 27 mm，但

考虑到轴上与之相配零件（如联轴器、齿轮、滚动轴承等）的结构要求、安装和拆卸要求、加工制造要求等，最终采用的尺寸可能为 40 mm，这个尺寸不仅满足了强度要求，也满足了其他要求，因此，是合理的，而不是浪费。

• 由实践经验总结出来的经验公式，常用于确定那些外形复杂、强度情况不明等尺寸，例如箱体的结构尺寸，这些经验公式是经过生产实践考验的，但这些尺寸关系都是近似的，一般应圆整取用。另外，还有一些尺寸可由设计者自行根据需要确定，根本不必进行计算，它们常是一些次要尺寸。这些零件的强度往往不是主要问题，又无经验公式可循，故可由设计者考虑加工、使用等条件，参照类似结构，用类比的方法来确定，例如轴上的挡油盘、定位套筒等。

（4）正确使用标准和规范也是课程设计中应注意的问题和要求。设计中正确地运用标准和规范，有利于零件的互换性和加工工艺性，从而收到好的经济效果，也可减少设计工作量，加快设计进程。设计中是否尽量采用标准和规范，也是评价设计质量的一项指标。但是，标准和规范是为了便于设计、制造和使用而制订的，不是为了限制其创新和发展的，因此，当遇到与设计要求有矛盾时，也可以突破标准和规范的规定，自行设计。设计中采用的传动带、滚动轴承等标准件是由专业化生产厂制造的，必须采购，因此，其参数必须严格遵守标准的规定；而如键、销等虽是自行制造的标准件，其尺寸参数一般仍按标准或规范规定，但有个别需要时，可以酌情变动。

（5）要求图纸表达正确、清晰，图面整洁，符合机械制图标准；说明书要求计算正确、书写工整。

第二章 传动装置总体设计

传动装置总体设计的任务是确定传动方案、选定电动机型号、合理分配传动比及计算传动装置的运动和动力参数，为设计各级传动件准备条件。一般按下列步骤进行.

一、传动方案

如图 2-1 所示，本次课程设计采用第一级为带传动，第二级为一级直齿圆柱齿轮传动的减速器设计。带传动靠摩擦力传递工作，传动平稳，能缓冲吸振，噪声小。但结构上宽度和长度尺寸都较大，且带传动不宜传递过大的功率，也不宜在恶劣的环境中工作，并应尽量布置在高速级。

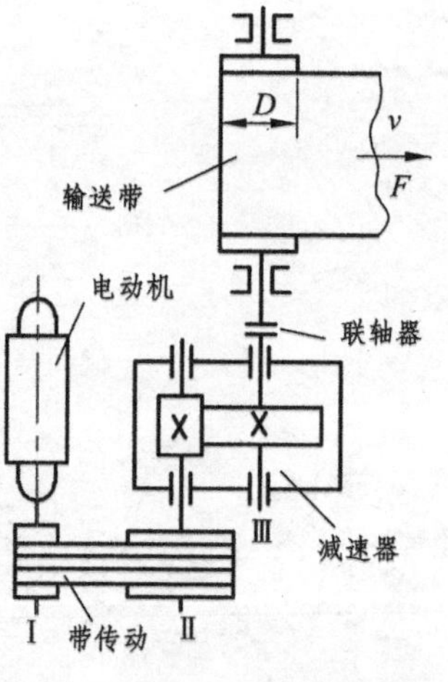

图 2-1 带式运输机传动装置

二、选择电动机

根据工作机的特性、工作环境、工作载荷的大小和性质等条件，选择电动机的种类、类型和结构形式、功率和转速，确定电动机的型号。

1. 选择电动机的种类、类型和结构形式

生产单位一般采用三相交流电源，如无特殊要求都应选用交流电动机，其中以三相异步电动机应用最多，常用的有 Y 系列电动机。该机型属于一般用途的全封闭自扇冷型电动机，其结构简

单、工作可靠、价格低廉、维护方便，适用于不易燃、不易爆、无腐蚀性气体和无特殊要求的机械上，如金属切削机床、运输机、风机、搅拌机等。由于其启动性能较好，也适用于某些要求启动转矩较高的机械，如压缩机等。在经常启动、制动和反转的场合（如起重机等），要求电动机转动惯量小和过载能力大，应选用起重及冶金用三相异步电动机 YZ 型（笼型）或 YZR 型（绕线型）。

2. 选择电动机的容量

电动机的容量（功率）选得合适与否，对电动机的工作和经济性均有影响。容量小于工作要求，就不能保证工作机的正常工作，或使电动机长期过载而过早损坏；容量过大则电动机价格高，又不能充分利用其能力，造成很大浪费。

电动机的容量主要根据电动机运行时的发热条件来决定。课程设计题目一般为设计不变（或变化很小）载荷下长期连续运行的机械，只要所选电动机的额定功率 P_m 等于或稍大于电动机所需的输出功率 P_o，即 $P_m \geqslant P_o$，由表 10-3 中选择相应的电动机即可，不必校验发热和启动力矩。可按下述方法确定电动机的额定功率。

（1）工作机构所需的工作功率 P_W。如图 2-1 所示的带式运输机，已知带式运输机驱动卷筒的圆周力 F（N），带速 v（m/s），工作机构的传动效率为 η_W，则工作机所需的工作功率 P_W 为

$$P_W = \frac{Fv}{1000\eta_W} \text{（kW）}$$

（2）电动机所需的输出功率 P_o。由工作机所需的工作功率 P_W 和传动装置的总效率 η 可求得电动机所需的输出功率 P_o，即

$$P_o = \frac{P_W}{\eta} \text{（kW）}$$

式中　η——传动装置的总效率，为组成传动装置各部分运动副效率之乘积，即

$$\eta = \eta_1\eta_2\eta_3 \dots \eta_n$$（机械传动效率可参见表 10-5）

（3）确定电动机的额定功率 P_m。对于长期连续运行，载荷不变或变化很小，且在常温下工作的机械，电动机的额定功率 P_m 可按下式确定

$$P_m = (1 \sim 1.3)\, P_o$$

（4）确定电动机的转速。容量相同的同类型电动机，有几种不同的转速系列供使用者选择，如三相异步电动机常用的有 4 种同步转速，即 3 000 r/min、1 500 r/min、1 000 r/min、750 r/min。同步转速为由电流频率与极对数而定的磁场转速，电动机空载时才可能达到同步转速，负载时的转速都低于同步转速。电动机定子绕组的极数随转速增高而减少，低转速电动机的极数多，转矩也大，因此外廓尺寸及质量都较大，价格较高，但可以使传动装置总传动比减小，使传动装置的体积质量较小；高转速电动机则相反。因此确定电动机转速时要综合考虑，分析比较电动机及传动装置的性能、尺寸、质量和价格等因素。通常多选用同步转速为 1 500 r/min 和 1 000 r/min 的电动机（如不需要逆转时常用前者）。如无特殊要求，一般不选用 750 r/min 的电动机。

根据选定的电动机类型、结构、容量、转速即可在电动机产品目录中查出其型号、性能参数和主要尺寸。

对于专用传动装置，其设计功率按实际需要的电动机输出功率 P_o 来计算；对于通用传动装置，其设计功率按电动机的额定功率 P_m 来计算。传动装置的转速则可按电动机的满载转速 n_m 来计算。

三、确定传动装置的总传动比和分配传动比

1. 总传动比的计算

由选定的电动机满载转速 n_m 和工作机主动轴转速 n_W，可得传动装置总传动比 i 为

$$i=\frac{n_m}{n_W}$$

对于起重机、带式输送机，n_W 为滚筒的转速，且

$$n_W=\frac{60\times 1\,000v}{\pi D}\ \text{（r/min）}$$

2. 传动比的分配

分配总传动比，即各级传动比如何取值，是设计中的重要问题。传动比分配得合理，可使传动装置得到较小的外廓尺寸或较轻的质量，以实现降低成本和使结构紧凑的目的，也可使传动零件获得较低的圆周速度以减小动载荷或降低传动精度等级，还可以得到较好的润滑条件。要同时达到这几方面的要求比较困难，因此应按设计要求考虑传动比分配方案，满足某些主要要求。

分配传动比时考虑以下原则：

(1)各级传动的传动比应在合理范围内(见表10-5)。

(2) 应注意使各级传动件尺寸协调，结构匀称合理。例如由带传动和单级圆柱齿轮减速器组成的传动装置中(参见图 2-1)，一般应使带传动的传动比小于齿轮传动的传动比。如带传动的传动比过大，有可能使大带轮半径大于减速器中心高，使带轮与底架相碰，如图 2-2 所示。

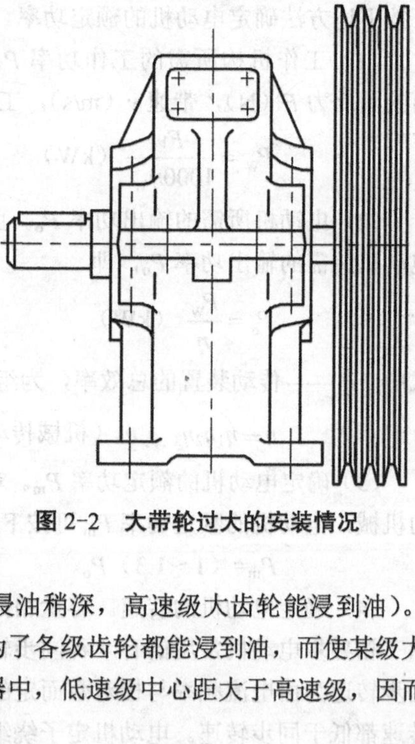

图 2-2　大带轮过大的安装情况

(3) 尽量使传动装置外廓尺寸紧凑或质量较小。

(4) 尽量使各级大齿轮浸油深度合理（低速级大齿轮浸油稍深，高速级大齿轮能浸到油）。在卧式减速器设计中，希望各级大齿轮直径相近，以避免为了各级齿轮都能浸到油，而使某级大齿轮浸油过深造成搅油损失增加。通常二级圆柱齿轮减速器中，低速级中心距大于高速级，因而为使两级大齿轮直径相近，应使高速级传动比大于低速级。

(5) 要考虑传动零件之间不会干涉碰撞。

四、计算传动装置的运动和动力参数

选择好电动机型号、分配好传动比之后，为了进行传动零件和轴的设计计算等，应该计算出各轴的转速和转矩（或功率）。

第三章 传动件设计计算

传动装置包括各种类型的零、部件，其中决定其工作性能、结构布置和尺寸大小的主要是传动零件。支承零件和联接零件都要根据传动零件的要求来设计，因此一般应先设计计算传动零件，确定其尺寸、参数、材料和结构。

减速器是独立、完整的传动部件。为了使设计减速器时的原始条件比较准确，一般应先设计减速器外的传动零件，例如链传动、V 带传动、开式齿轮传动等。然后计算减速器内的传动零件，传动零件的设计计算顺序应由高速级向低速级依次计算。

一、V 带传动

（1）需确定 V 带传动的型号、长度和根数。

（2）中心距、拉力、张紧装置、对轴的作用力。

（3）带轮直径、材料、结构尺寸和加工要求等。

（4）注意检查带轮尺寸与传动装置外廓尺寸的相互关系。例如装在电动机轴上的小带轮直径与电动机中心高是否相称，带轮轴孔直径长度与电动机轴的轴径、长度是否相对应，大带轮是否过大而与机架相碰等。

二、联轴器

（1）一般选用弹性联轴器，低速时可选用十字滑块联轴器。

（2）注意联轴器的孔型及孔径与轴的相应结构、尺寸要一致，联轴器的选用查表 10-24。

三、圆柱齿轮传动

（1）应确定齿轮材料、模数、齿数、中心距、齿宽等。

（2）合理确定齿轮传动的参数。

（3）齿轮的其他几何尺寸及其结构。

课程设计中所涉及的传动零件的设计计算主要是 V 带传动和直齿圆柱齿轮传动，其具体计算方法参考机械设计基础教材相关章节。

第四章　减速器各部位及附属零件的名称和作用

一、附　件

1. 检查孔及盖板

图 4-1 所示为单级圆柱齿轮减速器，在减速器上部可以看到传动零件啮合处要开检查孔，以便检查齿面接触斑点和齿侧间隙，了解啮合情况。润滑油也由此注入箱体内。检查孔平时用盖板盖住，以防止污物进入箱体内及润滑油飞溅出来。检查孔及盖板的尺寸见表 11-1。

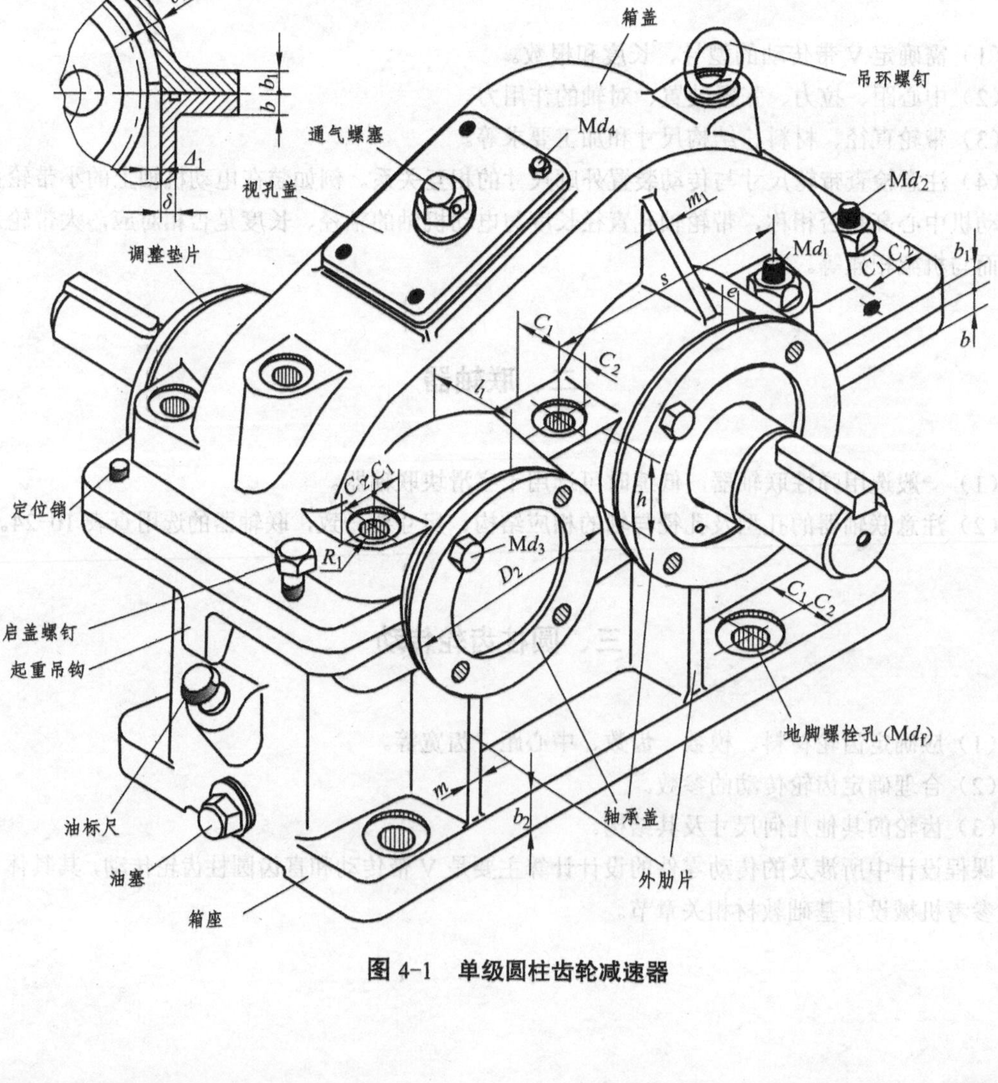

图 4-1　单级圆柱齿轮减速器

2. 通气器

减速器运转时，由于摩擦发热使箱体内温度升高，气压增大，导致润滑油从缝隙（如剖面、轴伸出端间隙）向外渗漏。所以多在箱盖顶部或检查孔盖上安装通气器，使箱体内热胀气体自由逸出，达到箱体内外气压相等，提高箱体有缝隙处的密封性能。通气器的结构和尺寸见表 11-2、11-3。

3. 油　标

油标用来检查油面高度，以保证有正常的油量。油标尺的结构和尺寸见表 11-4、11-5。

4. 放油孔及螺塞

减速器底部设有放油孔，用于排出污油，注油前用螺塞堵住。螺塞及封油垫片的尺寸见表 11-6。

5. 启盖螺钉

箱盖与箱座接合面上常涂有水玻璃或密封胶，联接后接合较紧，不易分开。为便于取下箱盖，在箱盖凸缘上常装有 1～2 个启盖螺钉，在启盖时，可先拧动此螺钉顶起箱盖。

在轴承端盖上也可以安装启盖螺钉，便于拆卸端盖。启盖螺钉的结构和尺寸见表 11-9。

6. 定位销

为了保证轴承座孔的安装精度，在箱盖与箱座用螺栓联接后，拧紧之前装上两个定位销，销孔位置应尽量远些。

7. 调整垫片

调整垫片由多片很薄的软金属制成，用以调整轴承间隙。有的垫片还要起调整传动零件（如蜗轮、圆锥齿轮等）轴向位置的作用。

8. 起吊装置

在箱盖上装有吊环螺钉（见表 11-11）或铸出吊耳或吊钩（见表 11-10）。在箱座上铸出吊钩，用以搬运箱座或整个减速器。

9. 密封装置

减速器需要密封的部位一般有轴伸出端、箱体结合面、轴承盖、窥视孔和油塞孔结合面等处。密封结构形式较多，设计时应根据条件进行合理选择或自行设计。

二、箱体结构

减速器箱体是用以支持和固定轴系零件，保证传动零件的啮合精度、良好润滑及密封的重要零件，其质量约占减速器总质量的 50%。因此，箱体结构对减速器的工作性能、加工工艺、材料消耗、质量及成本等有很大影响，设计时必须全面考虑。

箱体材料多用铸铁（HT150 或 HT200）制造。在重型减速器中，为了提高箱体强度，也有用铸钢铸造的。铸造箱体质量较大，适于成批生产。箱体也可以用钢板焊成，焊接箱体比铸造箱体轻 1/4～1/2，生产周期短，但焊接时容易产生热变形，故技术要求较高，并且在焊接后应进行退火处理。箱体可以做成剖分式或整体式。

1. 剖分式箱体

剖分式箱体的剖分面多取传动件轴线所在平面，一般只有一个水平剖分面。在大型立式齿轮减速器中，为了便于制造和安装，也有采用两个剖分面的。剖分式箱体增加了联接面凸缘和联接螺栓，使箱体质量增大。

2. 整体式箱体

整体式箱体加工量少、质量轻、零件少，但装配比较麻烦。

第五章　减速器装配草图的设计

装配图是反映各个零件的相互关系、结构形状以及尺寸的图样。因此，设计通常是从画装配图着手，确定所有零件的位置、结构和尺寸，并以此为依据绘制零件工作图。装配图也是机器组装、调试、维护等的技术依据，所以绘制装配图是设计过程中的重要环节，必须综合考虑对零件的材料、强度、刚度、加工、装拆、调整和润滑等要求，用足够的视图和剖面图表达清楚，设计过程较为复杂，常常需要反复计算和修改，一般应先绘制装配草图，经全面检查修改后再完成正式的装配工作图。

装配草图的绘制是整个设计中最关键、最烦琐的部分，其主要内容有：

（1）确定减速器总体结构及所有零件之间的相互位置。

（2）确定减速器中所有零部件的结构和尺寸。

（3）取得核算零件强度（刚度）所必需的数据。

减速器装配草图设计可分为草图绘制前的准备和草图绘制两个阶段。

一、草图绘制前的准备

（1）查阅有关资料，参观或装拆减速器，弄懂各零部件的结构、功用，做到对设计内容心中有数。

（2）确定各类传动零件的主要尺寸和参数，如齿轮传动中心距、分度圆直径、齿顶圆直径和齿轮宽度等；根据工作情况和转矩选出联轴器类型和型号；初选轴承类型；确定减速器箱体的结构尺寸等。

（3）考虑减速器装配图的图面布置。绘图时，应选好比例尺，尽量优先采用 1∶1，以加强真实感。用 A_0 号或 A_1 号图纸绘制三个视图，按图 5-1 合理布置图面。

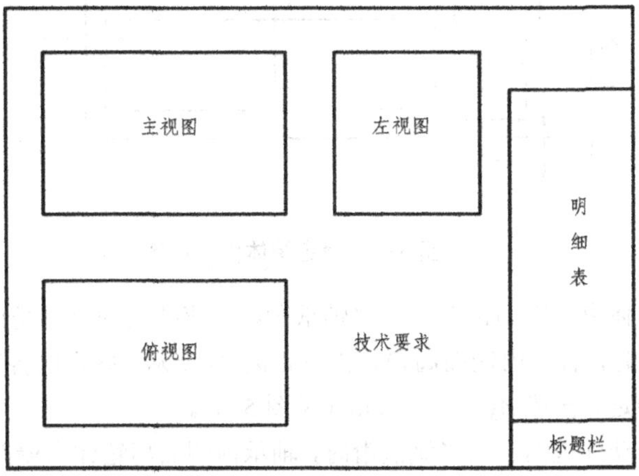

图 5-1　视图布置

二、草图绘制

绘制装配草图的目的是通过绘图确定减速器的大体轮廓，更重要的是进行轴的结构设计和轴承组合结构设计，确定轴承的型号和位置。

减速器中，传动零件、轴和轴承是其主要零部件，其他零件的结构尺寸是随着这些零件的确定而确定的。因此，在设计绘图时，应按照从主到次、从内到外、从粗到细的顺序，边绘图、边计算、边修改，以一个视图为主，兼顾几个视图。绘制装配草图按以下三个阶段进行。

1. 第一阶段的设计内容和步骤

（1）确定传动零件的轴心线位置及其轮廓。先画出箱体内传动零件的中心线、齿顶圆、分度圆、轮毂宽度等轮廓尺寸。

（2）确定箱体内壁位置。箱体内壁与齿轮轮毂端面应留有一定的距离Δ_2（一般Δ_2=10～15 mm），大齿轮齿顶圆与箱体内壁应留有距离Δ_1（$\Delta_1 \geqslant 1.2\delta$，$\delta$为箱座壁厚）。

对于圆柱齿轮减速器，小齿轮齿顶圆与箱体内壁间的距离暂不确定，待进一步设计时，由主视图上箱体结构的投影确定。

这一步骤的绘图方法如图 5-2 所示。

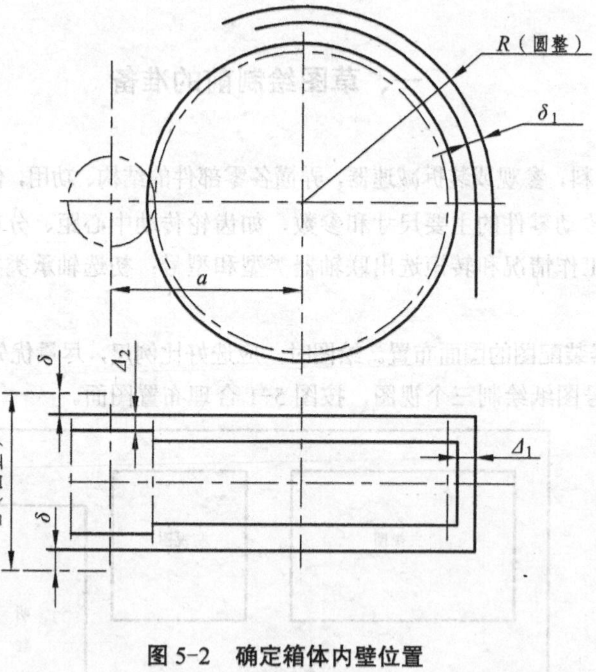

图 5-2　确定箱体内壁位置

（3）确定轴承在箱体座孔内的位置。确定轴承在箱体座孔内的位置是由轴承的润滑方式确定的。当轴承采用脂润滑时，轴承内侧面离箱体内壁距离Δ_3应大一些，以备装封油环，防止箱内油流入使润滑脂变稀或冲走。一般Δ_3=5～10 mm（见图 5-3）。

当轴承依靠箱内转动件甩油进行飞溅润滑时，轴承内侧面离箱体内壁距离Δ_3应小一些，以使润滑油能顺利进入轴承孔内，一般Δ_3=3～5 mm（见图 5-3）。

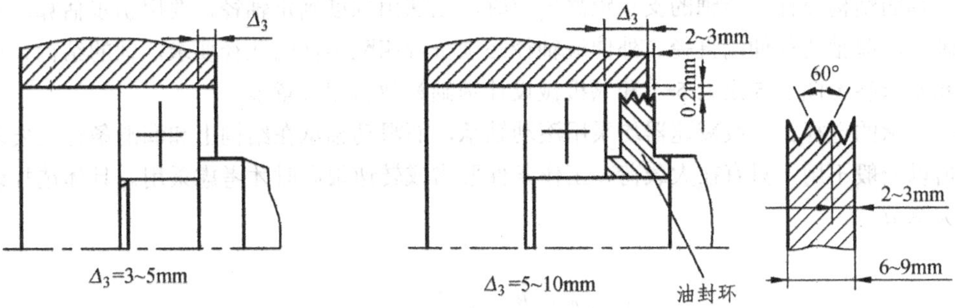

图 5-3　轴承润滑方式与 Δ_3 值

（4）确定箱体轴承座孔外端面的位置。轴承座孔外端面的位置应由箱体内壁线位置和轴承座孔的长度 L 确定，确定轴承座孔的长度 L 应综合考虑箱内箱外的结构需求。

轴承座孔内一般装有轴承、端盖、密封装置、封油环等零件。端盖止口 m 不宜太短，以免拧紧螺钉时端盖歪斜。一般取 $m=（0.10\sim0.15）D$，D 为轴承外径。轴承座孔的长度 $L=B+m+\Delta_3$，如图 5-4 所示。通常情况下，低速轴因受力大，轴承较宽，所需轴承座孔长度也较大。高速轴与低速轴相同，这样可使各轴承座孔外端面在同一平面上，以便加工。

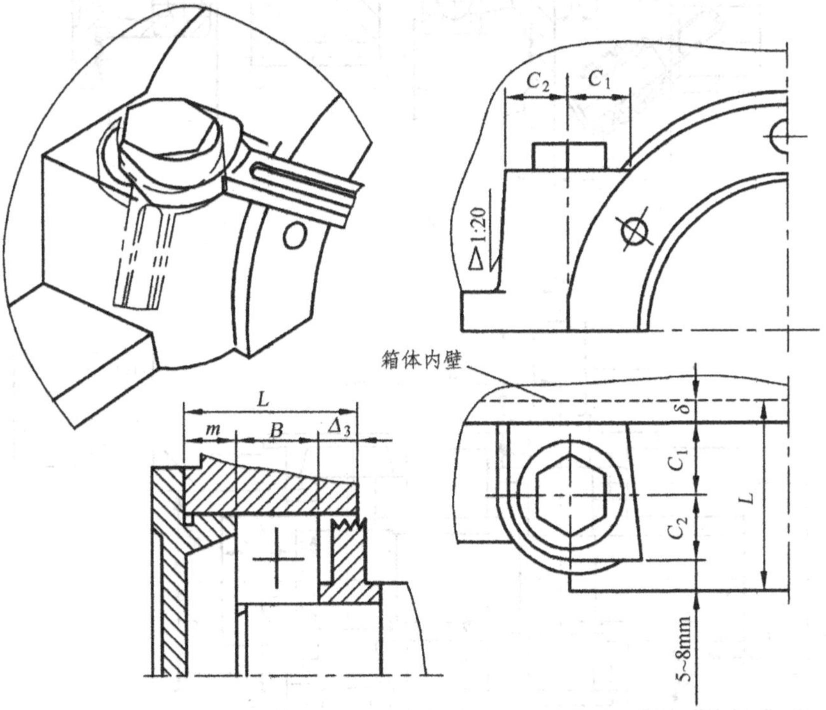

图 5-4　轴承旁螺栓安装空间与轴承座孔的长度 L 值

确定轴承座孔长度时，还应考虑箱外轴承座孔两旁联接螺栓的扳手空间位置，即 $L\geqslant\delta+C_1+C_2+(5\sim8)$ mm，如图 5-4 所示。C_1、C_2 尺寸由扳手空间决定，可由螺栓直径查表 5-4 确定。

设计时应比较箱内外结构所要求的不同的轴承座孔长度，取两者中的大值。一般主要由箱体与箱盖之间联接螺栓的扳手空间的位置来确定。

（5）轴的结构设计。当轴的支承距离未定时，无法由强度确定轴径，要用初步估算的办法估算最小轴径，即轴的外伸端直径。外伸端轴径必须符合相配零件的孔径要求。轴的结构设计的具体方法和要求参考图 5-5 及表 5-1 和《机械设计基础》教材相关章节。

（6）轴承的选择。一般减速器均采用滚动轴承，而滑动轴承在结构上和润滑条件上要求比较严格，所以一般不用，只有在大载荷、工作条件恶劣或转速很高时才考虑采用。具体选择请参考教材相关章节。

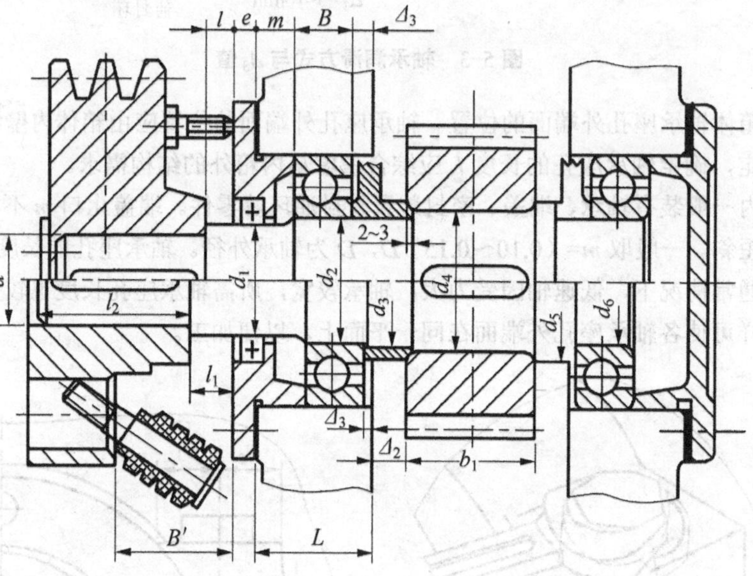

（a）

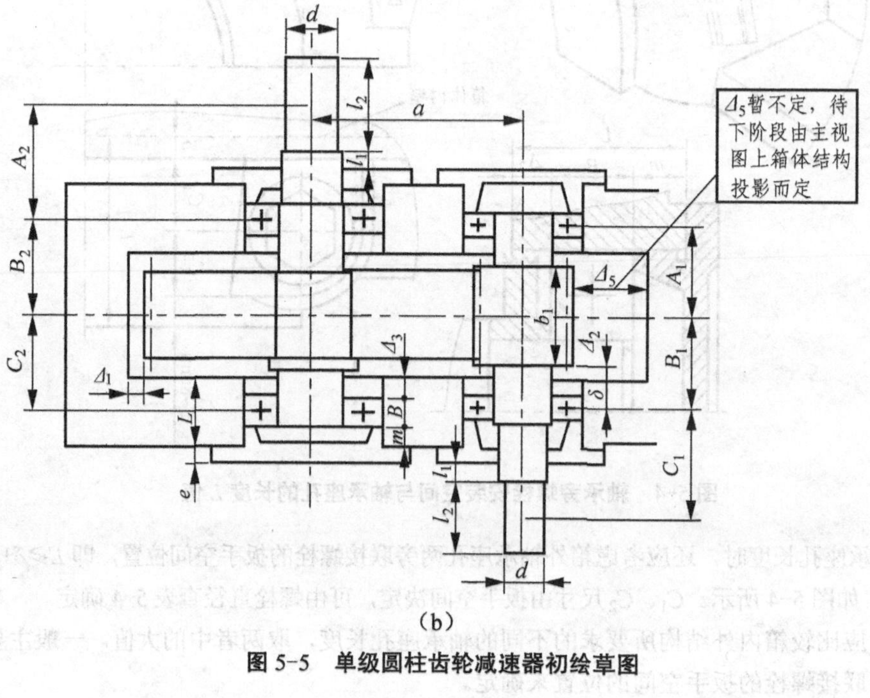

（b）

图 5-5　单级圆柱齿轮减速器初绘草图

表 5-1　齿轮减速器草图设计参考尺寸（参考图 5-5）

符　号	名　称	确定方法及说明
d		初估直径，参考《机械设计基础》教材
d_1		$d_1=d+2h$，h 为轴肩高度，用于轴上零件定位和固定，通常取 $h\geqslant(0.07\sim0.1)d$
d_2		$d_2=d_1+$（1～5）mm，图 5-5 中 d_2 和 d_1 的变化仅为了装配及区分加工面，一般差值较小。但 d_2 与轴承配合，应与滚动轴承的孔径系列相符合
d_3		$d_3=d_2+$（1～5）mm，图中 d_3 和 d_2 的变化仅为区分加工面
d_4		$d_4=d_3+$（1～5）mm，d_4 与齿轮配合，应圆整为标准尺寸
d_5		$d_5=d_4+2h$，轴环供齿轮轴向的定位和固定用，通常取 $h\geqslant(0.07\sim0.1)\,d_4$
d_6		一般 $d_6=d_2$，同一轴上的滚动轴承最好选用同一型号
b_1	小齿轮宽度	$b_1=b_2+$（5～10）mm
$\varDelta_2$	箱体内壁与小齿轮端面距离	$\varDelta_2$=10～15 mm，重型减速器取大值
$\varDelta_3$	箱体内壁至轴承内侧面距离	轴承采用脂润滑 $\varDelta_3$=5～10 mm，便于设封油环；轴承采用油润滑 $\varDelta_3$=3～5 mm
B	轴承宽度	按轴颈直径初选（一般初选中窄系列）
L	轴承座孔长度	L 由轴承座旁联接螺栓扳手空间位置或孔内零件安装位置确定，即 $L=B+m+\varDelta_3$；$L\geqslant\delta+C_1+C_2+(5\sim8)$mm，取两者中的大值
m e	轴承盖长度尺寸	凸缘式轴承盖 m 不宜太小，以避免拧紧螺钉时端盖歪斜，一般取 $m=$（0.10～0.15）D，D 为轴承外径；e 根据轴承外径查附表确定，应使 $m\geqslant e$
l_1	外伸轴上旋转件内端面与轴承盖外端面的距离	l_1 与外接零件及轴承端盖的结构有关。图 5-5（a）中，l_1 应保证轴承端盖固定螺钉的装拆要求。图 5-5（b）中，l_1 应保证联轴器柱销的装拆要求。采用嵌入式轴承盖 l_1=5～10；采用凸缘式轴承端盖 l_1=15～20
l_2	外伸轴上装旋转件的轴段长度	按轴上旋转件的轮毂宽度和固定方式确定。当采用键联接时，l_2 通常比轮毂宽度短 2～3 mm

2. 第二阶段

这一阶段的主要工作内容是设计传动零件、轴上其他零件及与轴承支点结构有关零件的具体结构。其步骤大致如下：

1）传动零件的结构设计

齿轮结构形状与尺寸和所采用的材料、毛坯大小及制造方法有关，尺寸较小的齿轮可与轴做成一体，如图5-6所示。当齿顶圆或齿根圆直径（d_a或d_f）小于轴径d（见图5-6）时，必须用滚齿法加工轮齿。

当齿根圆直径d_f大于轴径d，并且$\delta \geqslant 2.5m_n$（m_n为模数）时，齿轮可与轴分开制造，这时轮齿可用滚齿或插齿加工。

对直径较大的齿轮，常用腹板式结构，并在腹板上加工孔（钻孔或铸造孔）。齿宽较大时，宜加肋以提高刚度。

大型齿轮多用铸造或焊接结构，可参阅有关资料。

齿轮轮毂宽度与轴的直径有关，可大于或等于轮缘宽度，一般常等于轮缘宽度（见图5-6）。

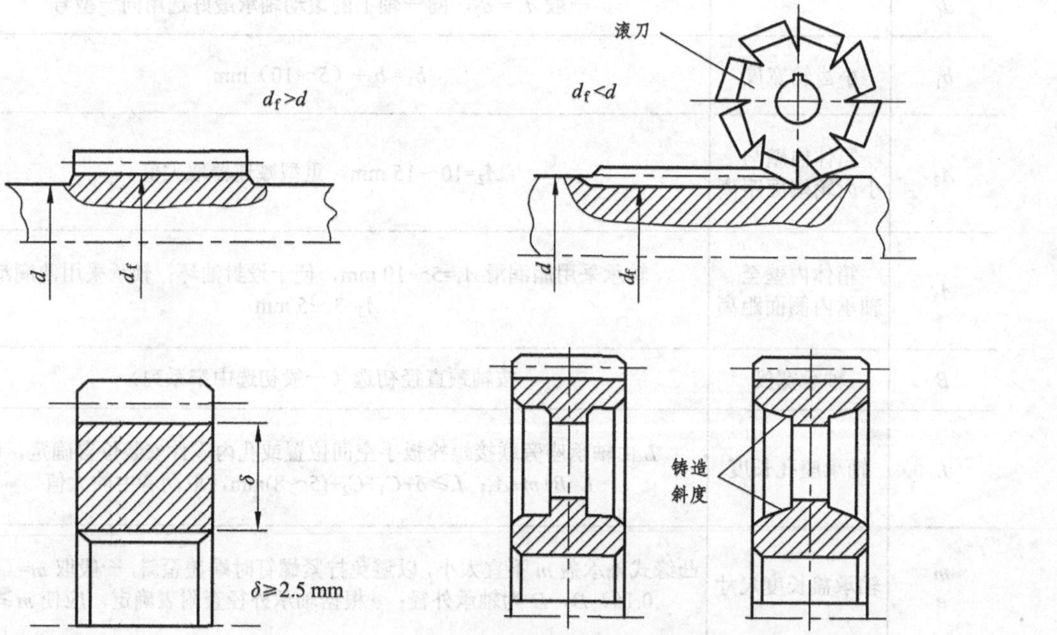

图5-6　齿轮结构

2）轴承端盖结构

轴承端盖用以固定轴承及调整轴承间隙并承受轴向力。

轴承端盖有嵌入式（见图5-7、5-8）和凸缘式（见图5-9）两种，其结构可参考表11-8、11-7。

嵌入式轴承端盖结构简单，但密封性能差（可用图5-8所示结构来弥补），调整轴承间隙比较麻烦，需要打开箱盖放置调整垫片，只宜用于向心球轴承（一般不调间隙），如图5-8所示。

如用嵌入式端盖固定角接触轴承时，应在端盖上增加调整螺钉，以便于调整，如图 5-7 所示。

凸缘式轴承端盖调整轴承间隙比较方便，密封性能也好，所以用得较多。这种端盖多用铸铁铸造，所以要考虑铸造工艺。例如在设计轴承端盖时，由于装密封件需要较大的端盖厚度，如图 5-10 所示，这时应考虑铸造工艺，尽量使整个端盖厚度均匀。

为了调整轴承间隙，在端盖与箱体之间放置若干薄片组成的调整垫片。

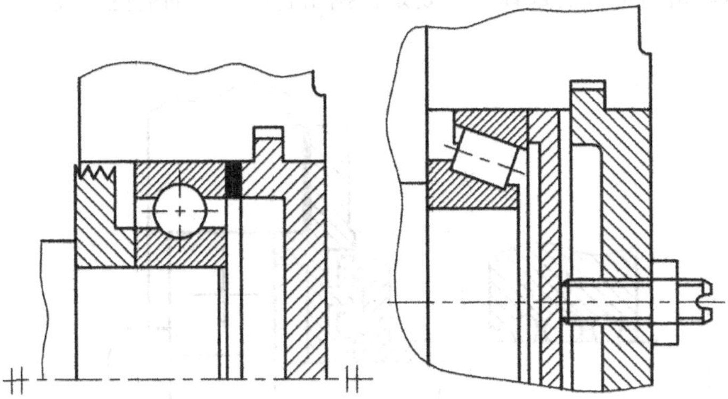

图 5-7 嵌入式轴承端盖

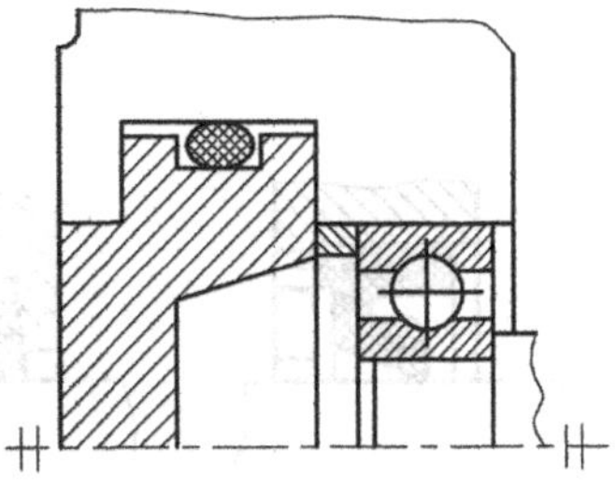

图 5-8 嵌入式轴承端盖的密封

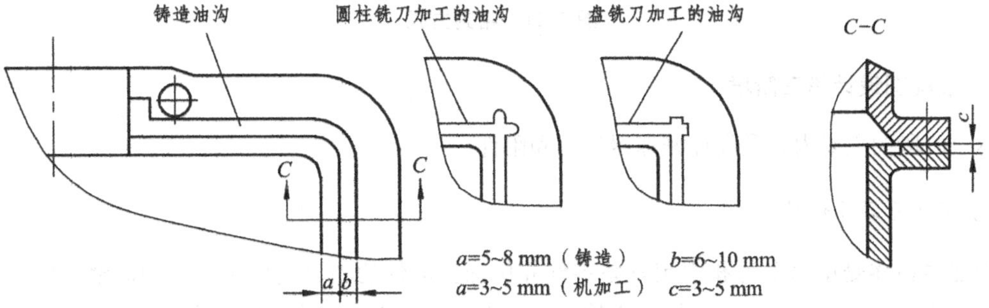

图 5-9 输油沟的结构

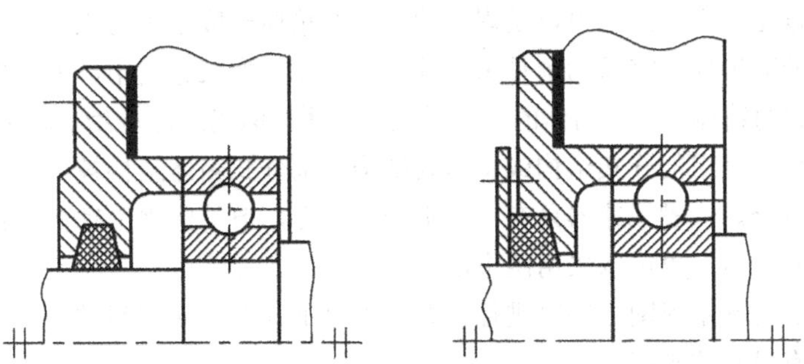

图 5-10 凸缘式轴承端盖

3）轴承的润滑与密封

根据轴承的速度，轴承可以用润滑脂或润滑油润滑，当浸油齿轮圆周速度小于 2 m/s 时，宜用润滑脂润滑，当浸油齿轮圆周速度大于 2 m/s 时，可以靠箱体内油直接润滑轴承，或引导飞溅在箱体内壁上的油经箱体剖分面上的油沟（见图 5-9）流到轴承进行润滑，这时必须在端盖上开槽。为防止装配时端盖上的槽没有对准油沟而将油路堵塞，可将端盖的端部直径取小些，使端盖在任何位置时油都可以进入轴承。如采用润滑脂润滑轴承时，应在轴承内端面加挡油板（见图 5-10），以防止润滑脂流失。

为防止外界环境中的灰尘、杂质及水蒸气渗入轴承，并防止润滑油脂从轴承端盖处泄漏，应选择适当的密封形式，如图 5-11 所示。密封形式的选择，主要是根据密封处轴表面的圆周速度、润滑剂的种类、工作温度、环境等。

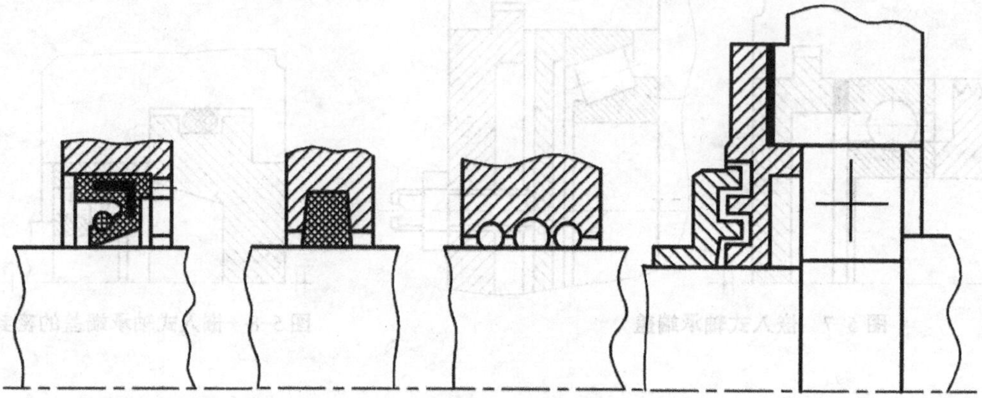

图 5-11　密封方式

3. 装配图设计第三阶段

这一阶段的主要内容是设计减速器箱体和附件。

1）减速器箱体设计

减速器箱体是用以支持和固定轴系零件并保证传动件的啮合精度和良好的润滑及轴系可靠密封的重要零件，其质量占减速器总重的 30%～50%。因此，设计箱体结构时必须综合考虑传动质量、加工工艺及成本等。

减速器箱体可以是铸造的，也可以是焊接的，铸造箱体一般采用铸铁（HT150 或 HT200）制成。铸铁具有较好的吸振性，容易切削且承压性能好。在重型减速器中，为了提高箱体的强度和刚度，也有用铸钢做的箱体。铸造箱体的缺点是质量较大，但仍广泛应用。焊接箱体用钢板（A_3）焊成。减速器箱体可以采用剖分式结构或整体式结构。剖分式箱体结构被广泛采用，其剖分面多与传动件轴线平面重合。一般减速器只有一个水平剖分面，但某些水平轴在垂直面内排列的减速器，为了便于制造和安装，也可以采用两个剖分面。

设计箱体应在 3 个基本视图上同时进行，并考虑以下几个方面的问题：

（1）箱体要具有足够的刚度。

箱体刚度不够。会在加工和工作过程中产生不允许的变形，引起轴承座孔中心线歪斜，在传动中产生偏斜，影响减速器的正常工作，因此在设计箱体时，首先应保证轴承座的刚度。为此应使轴承座有足够的壁厚，并在轴承座附近加支撑肋。

为了提高轴承座处的联接刚度，座孔两侧的联接螺栓距离应尽量靠近（以不与端盖螺钉孔干涉为原则），为此轴承座孔附近应做出凸台（见图 5-4），其高度要保证安装时有足够的扳手空间

（见图 5-4）。

为了保证箱体的刚度，箱盖和箱座的联接凸缘应取厚些。箱座底凸缘的厚度更要适当加厚，并且其宽度 B 应超过箱座的内壁，如图 5-12 所示。

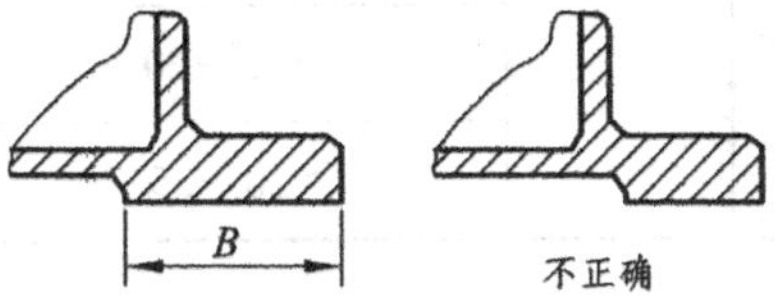

图 5-12　板壁交叉处铸件设计

（2）应考虑便于箱体内零件的润滑、密封及散热。

对于大多数减速器，由于其传动件的圆周速度 $v< 12$ m/s，故常采用浸油润滑（当速度 $v>$ 12 m/s 时应采用喷油润滑）。因此箱体内需有足够的润滑油，用以润滑和散热。传动件的浸油深度，对于圆柱齿轮以一个齿高为宜，但不小于 10 mm。同时，为了避免油搅动时沉渣泛起，齿顶到油池底面的距离 H 不应小于 30～50 mm，如图 5-13 所示。由此即可决定箱座的高度。

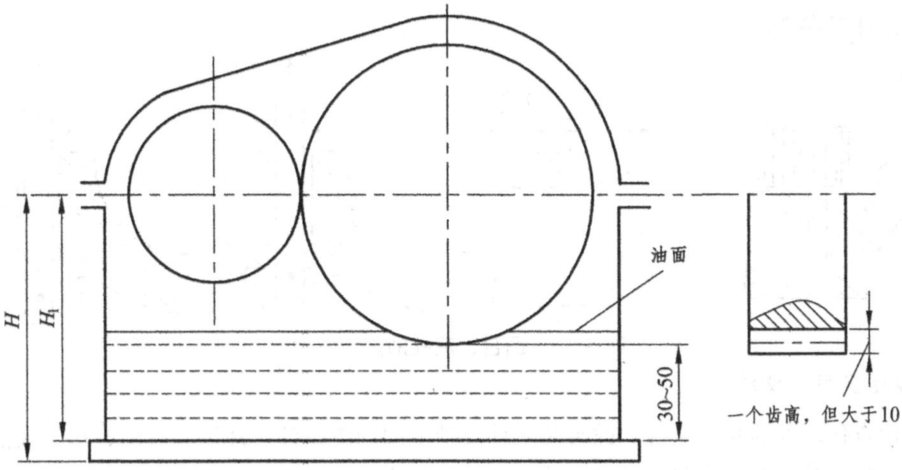

图 5-13　减速器油面及油池深度

此外，凸缘联接螺栓之间的距离不宜太大，一般为 150～200 mm，并尽量匀称布置，以保证剖分面处的密封性。

（3）箱体结构要有良好的工艺性。

箱体结构工艺性的好坏，对提高加工精度和装配质量、提高劳动生产率以及便于检修维护等方面，有直接影响，故应特别注意。

铸造工艺的要求。在设计铸造箱体时，应考虑到铸造工艺特点。考虑液态金属的流动性，铸件壁厚不可太薄，HT150 及 HT200 的最小允许壁厚为 6～8 mm，砂型铸造圆角半径可取 r =5 mm。

为了避免因冷却不均而造成的内应力裂纹或缩孔，箱体各部分壁厚应均匀。当由较厚部分过渡到较薄部分时，应采用平缓的过渡结构。箱体铸件过渡部分尺寸见表 5-2。

为了便于拔模，铸件沿拔模方向应有 1∶10～1∶20 的拔模斜度。

表 5-2　铸件过渡部分尺寸　　单位：mm

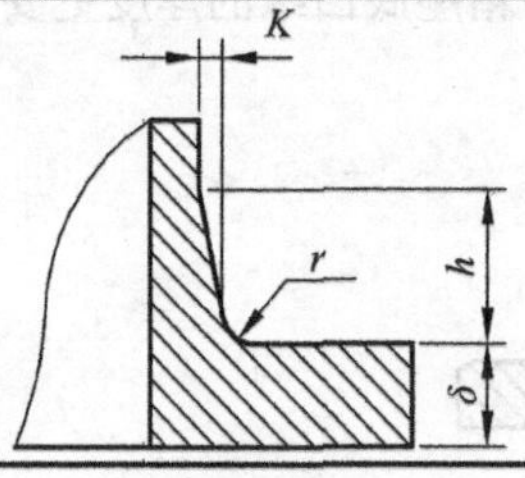

铸件壁厚 δ	K	h	r
10～15	3	15	5
＞15～20	4	20	5
＞20～25	5	25	5

（4）机械加工的要求。

设计结构形状时，应尽可能减少机械加工面积，以提高劳动生产率，并减少刀具磨损。为了保证加工精度并缩短加工工时，应尽量减少在机械加工时工件和刀具的调整次数。例如同一轴心线的两轴承座孔直径应尽量一致，以便于镗孔和保证镗孔精度。又如同一方向的平面，应尽量一次调整加工。所以，各轴承座端面都应在同一平面上。

箱体的任何一处加工面与非加工面必须严格分开。例如，机盖的轴承座端面需要加工，因而应当凸出。

与螺栓头部或螺母接触的支承面，应进行机械加工。可采用图 5-14 所示的结构及加工方法。

图 5-15 和表 5-3 表示了一级圆柱齿轮减速器铸造箱体的结构形状尺寸，表 5-4 为螺栓安装尺寸，供设计时参考。

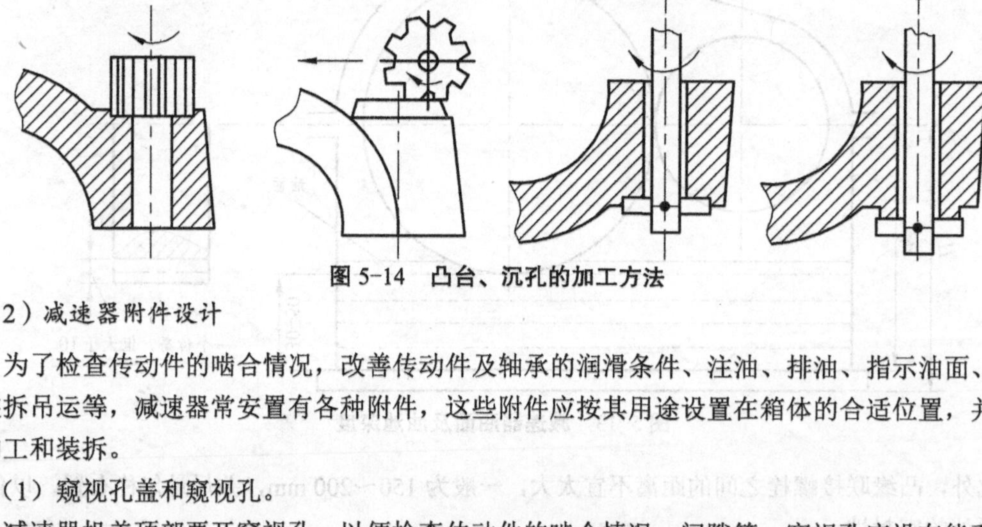

图 5-14　凸台、沉孔的加工方法

2）减速器附件设计

为了检查传动件的啮合情况，改善传动件及轴承的润滑条件、注油、排油、指示油面、通气及装拆吊运等，减速器常安置有各种附件，这些附件应按其用途设置在箱体的合适位置，并要便于加工和装拆。

（1）窥视孔盖和窥视孔。

减速器机盖顶部要开窥视孔，以便检查传动件的啮合情况、间隙等。窥视孔应设在能看到传动零件啮合区的位置，并有足够的大小，以便手能伸入进行操作。

减速器内的润滑油也由窥视孔注入。为了减少油的杂质，可在窥视孔口装一过滤网。窥视孔要有盖板，箱体上开窥视孔处应凸起，凸台面刨削时不应与其他面相碰（见图 5-16）。盖板常用钢板或铸铁制成，用 M6～M10 的螺钉紧固。盖板的结构和尺寸可参看表 11-1。

（2）放油螺塞。

放油螺塞位置应在油池最低处，如图 5-17 所示，并安排在减速器不与其他部件靠近的一侧，以便于放油。放油孔用螺塞堵住，因此油孔处的箱体外壁应凸起一块，经机械加工成为螺塞头部的支承面，并加封油圈以加强密封。放油孔结构尺寸可参看表 11-6。

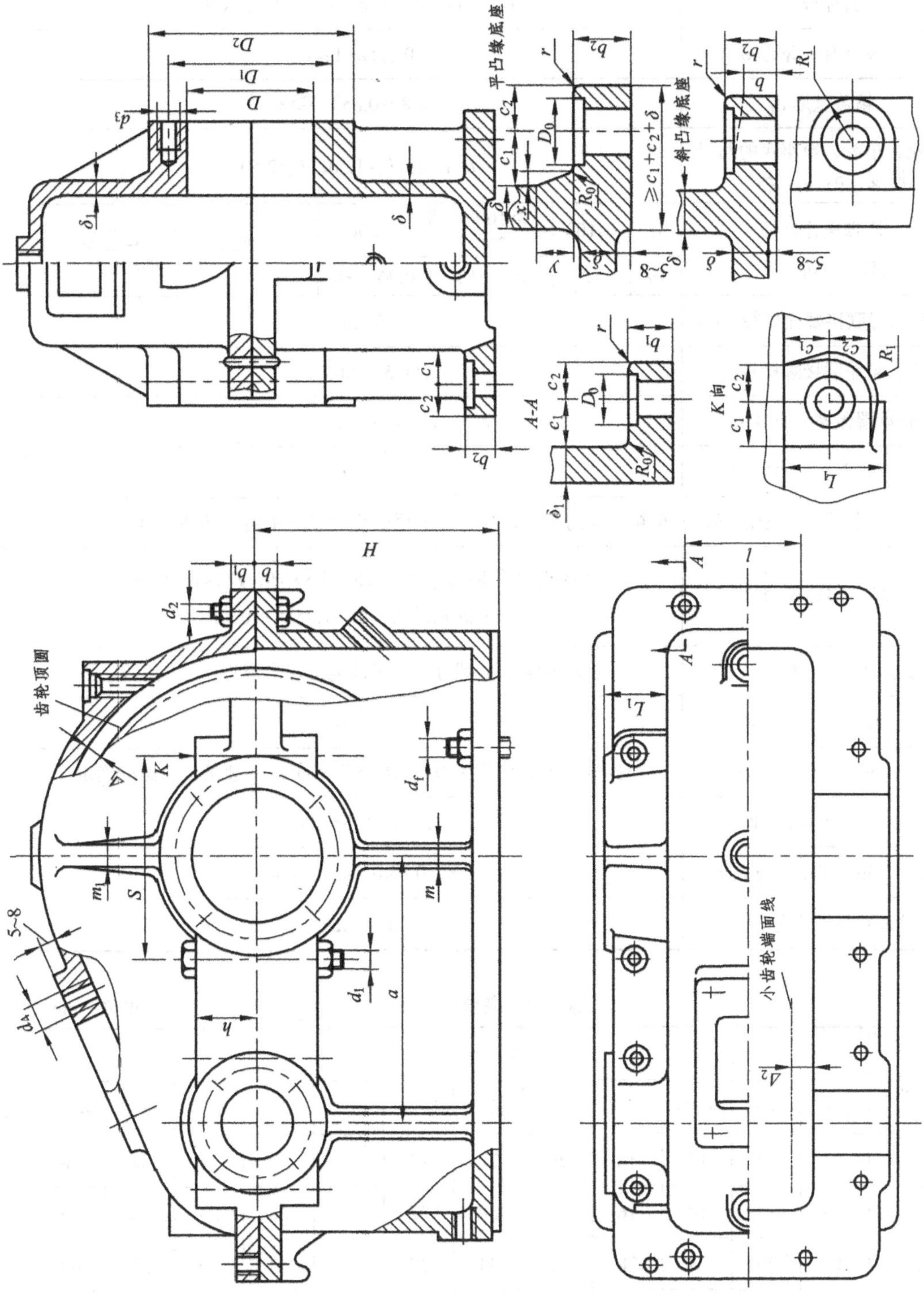

图 5-15　减速器铸箱体结构

表 5-3　减速器铸造箱体的结构尺寸（参考图 5-15）

<table>
<tr><th>名称符号</th><th colspan="5">单级直齿圆柱齿轮减速器尺寸关系</th></tr>
<tr><td>箱座（体）壁厚 δ</td><td colspan="5">$0.025a+1\geqslant 8$</td></tr>
<tr><td>箱盖壁厚 δ_1</td><td colspan="5">（0.8～0.85）$\delta\geqslant 8$</td></tr>
<tr><td>箱座、箱盖、箱座底的凸缘厚度（b、b_1、b_2）</td><td colspan="5">$b=1.5\delta$；$b_1=1.5\delta$；$b_2=2.5\delta$</td></tr>
<tr><td rowspan="2">地脚螺栓直径
及数目（d_f、n）</td><td>a</td><td>≤100</td><td>>100～200</td><td>>200</td><td rowspan="2">$n=\dfrac{\text{底座凸缘周长之半}}{(200\sim 300)}\geqslant 4$</td></tr>
<tr><td>d_f</td><td>12</td><td>$0.04a+8$</td><td>$0.047a+8$</td></tr>
<tr><td>轴承旁联接螺栓直径 d_1</td><td colspan="5">$0.75d_f$</td></tr>
<tr><td>箱座、箱盖联接螺栓直径 d_2</td><td colspan="5">（0.5～0.6）d_f</td></tr>
<tr><td>轴承端盖螺钉直径 d_3</td><td colspan="5">查表 11-7</td></tr>
<tr><td>检查孔盖螺钉直径 d_4</td><td colspan="5">$d_4=6$</td></tr>
<tr><td colspan="6">锪孔直径 D_0；d_f、d_2 至箱外壁的距离 c_1；d_f、d_2 至凸缘边缘的距离 c_2 查表 5-4</td></tr>
<tr><td>轴承座外径 D_2</td><td colspan="5">凸缘式轴承盖：$D_2=D+$（5～5.5）d_3；D 为轴承外径
嵌入式轴承盖：$D_2=1.25D+10$ mm</td></tr>
<tr><td>轴承旁联接螺栓距离 S</td><td colspan="5">以 d_1 螺栓和 d_3 螺钉互不干涉为准尽量靠近，一般 $S\approx D_2$</td></tr>
<tr><td>轴承旁凸台半径 R_1</td><td colspan="5">$R_1\approx c_2$</td></tr>
<tr><td>轴承旁凸台高度 h</td><td colspan="5">根据低速轴轴承外径 D_2 和 d_1 扳手空间 c_1 的要求，由结构确定</td></tr>
<tr><td>箱外壁至轴承座端面距离 l_1</td><td colspan="5">c_1+c_2+（5～8）</td></tr>
<tr><td>箱座、箱盖的肋厚 m、m_1</td><td colspan="5">$m\geqslant 0.85\delta$；$m_1>0.85\delta_1$</td></tr>
<tr><td>大齿轮顶圆与箱体内壁距离 $\varDelta_1$</td><td colspan="5">$\varDelta_1\geqslant 1.2\delta$</td></tr>
</table>

表 5-4　螺栓安装尺寸　　单位：mm

尺寸符号	螺栓直径											
	M6	M8	M10	M12	M14	M16	M18	M20	M22	M24	M27	M30
$c_{1\min}$	12	14	16	18	20	22	24	26	30	34	38	40
$c_{2\min}$	10	12	14	16	18	20	22	24	26	28	32	35
D_0	15	20	24	28	32	34	38	42	44	50	55	62
$R_{0\max}$	5				8				10			
$r_{\max}$	3				5				8			

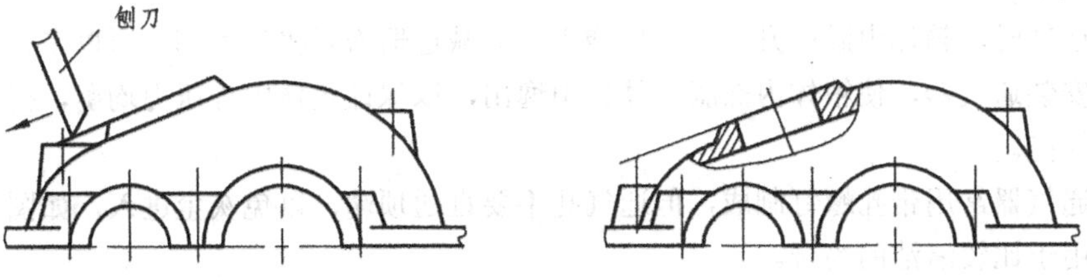

图 5-16　避免加工干涉

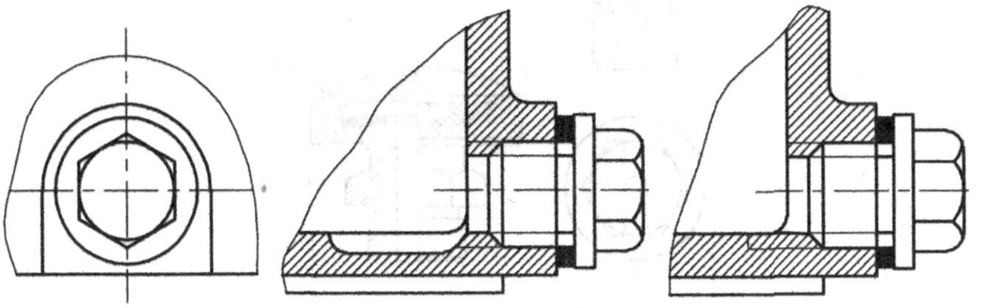

图 5-17　放油螺塞的位置

（3）油　标。

油标常放在便于观测减速器油面及油面稳定之处（如低速级传动件附近）。

常用的油标有油尺、圆形油标、长形油标、油面指示螺钉等，一般多用带有螺纹部分的油尺，油标结构及尺寸可参考表 11-4、11-5。

用油尺时，应使箱座油尺座孔的倾斜位置便于加工和使用，见图 5-18 所示。油尺安置的部位不能太低，以防油进入油尺座孔而溢出。其正视图和侧视图的投影关系如图 5-18 所示。油尺上的油面刻度线应按传动件浸入深度确定。为了避免因油搅动而影响检查效果，可在油尺外装隔离套（见图 5-18）。

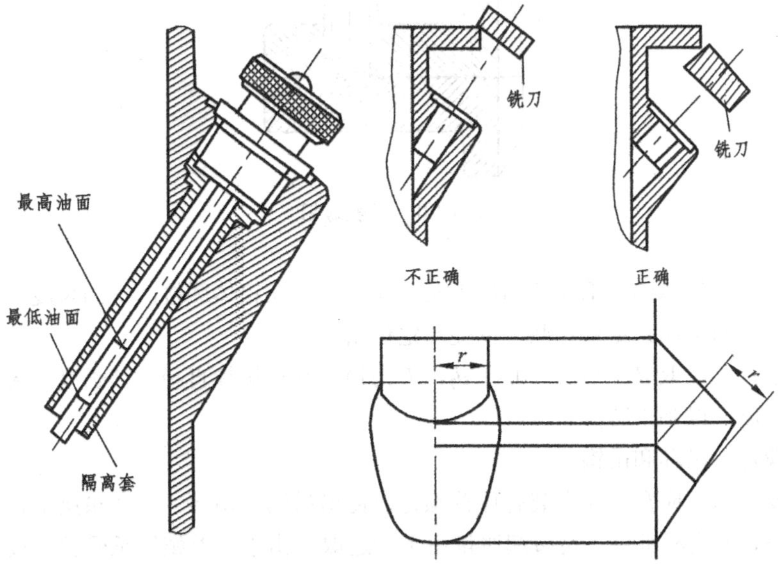

图 5-18　油标及其安装

（4）通气器。

减速器运转时，箱体内温度升高，气压增大，对减速器密封极为不利。所以多在机盖顶部或窥视孔盖上安装通气器，使箱体内热胀气体自由逸出，以保证箱体内外压力均衡，提高箱体有缝隙处的密封性能。

简易的通气器常用带孔螺钉制成，但通气孔不要直通顶端，以免灰尘进入，如图 5-19 所示。这种通气器用于比较清洁的场合。

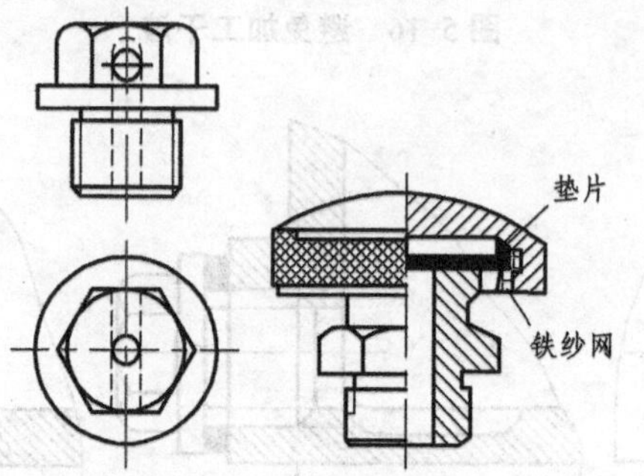

图 5-19　通气器

较完善的通气器内部做成各种曲路，并有金属网，可以减少停机后灰尘随空气吸入箱体。中小型减速器常用的通气器结构尺寸见表 11-2、11-3。

（5）启盖螺钉。

启盖螺钉（见图 5-20）上的螺纹长度要大于机盖联接凸缘的厚度倒角或半圆形，以免顶坏螺纹。螺钉端部要做成圆柱形。

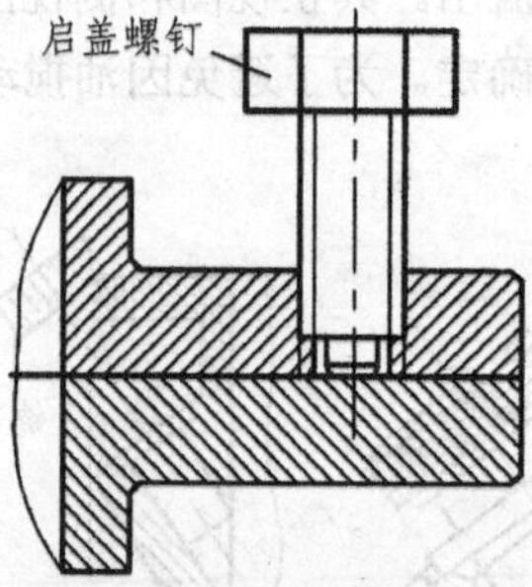

图 5-20　启盖螺钉

（6）定位销。

为了保证剖分式箱体的轴承座孔的加工及装配精度，在箱体联接凸缘的长度方向两端各安置一个圆锥定位销。两销相距尽量远些，以提高定位精度。

定位销的直径一般取 $d=(0.7\sim0.8)\ d_2$，d_2 为箱体联接螺栓直径。其长度应大于箱盖和箱座联接凸缘的总厚度，以利于装拆。

（7）环首螺钉、吊环和吊钩。

为了拆卸及搬运，应在箱盖上装有环首螺钉或铸出吊钩、吊环，并在箱座上铸出吊钩。环首螺钉（见表 11-11）为标准件，可按起质量由手册选取。由于环首螺钉承受较大载荷，故在装配时必须把螺钉完全拧入，使其台肩抵紧箱盖上的支承面。为此，箱盖上的螺钉孔必须局部锪大，如图 5-21 所示，图中所示螺钉孔的工艺性较好。

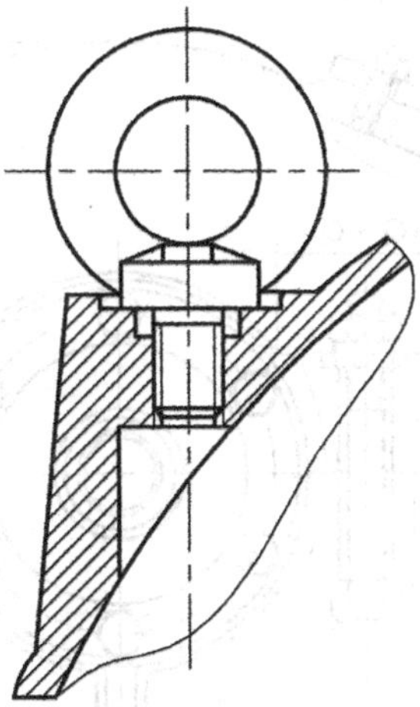

图 5-21　环首螺钉

环首螺钉用于拆卸箱盖，也允许用来吊运轻型减速器。采用环首螺钉使机加工工序增加，所以常在机盖上直接铸出吊钩或吊环（见图 5-22），其结构可参考表 11-10。

箱座两端也多铸出吊钩，用以起吊或搬运较重的减速器。吊钩和吊环的参考尺寸见表 11-10，设计时可根据具体情况加以修改。

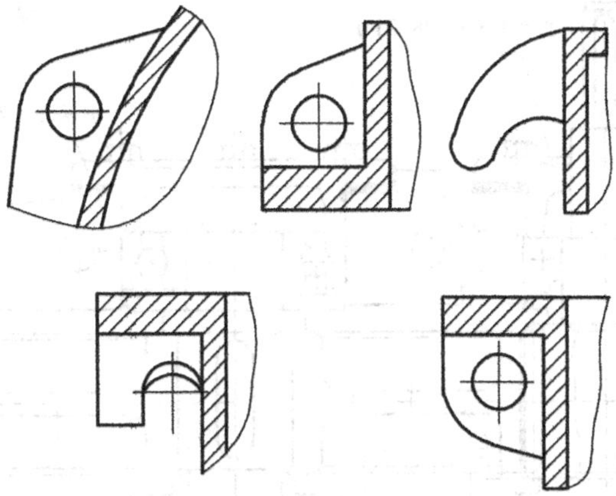

图 5-22　吊钩、吊环

图 5-23 为这一阶段设计的一级圆柱齿轮减速器的装配草图。

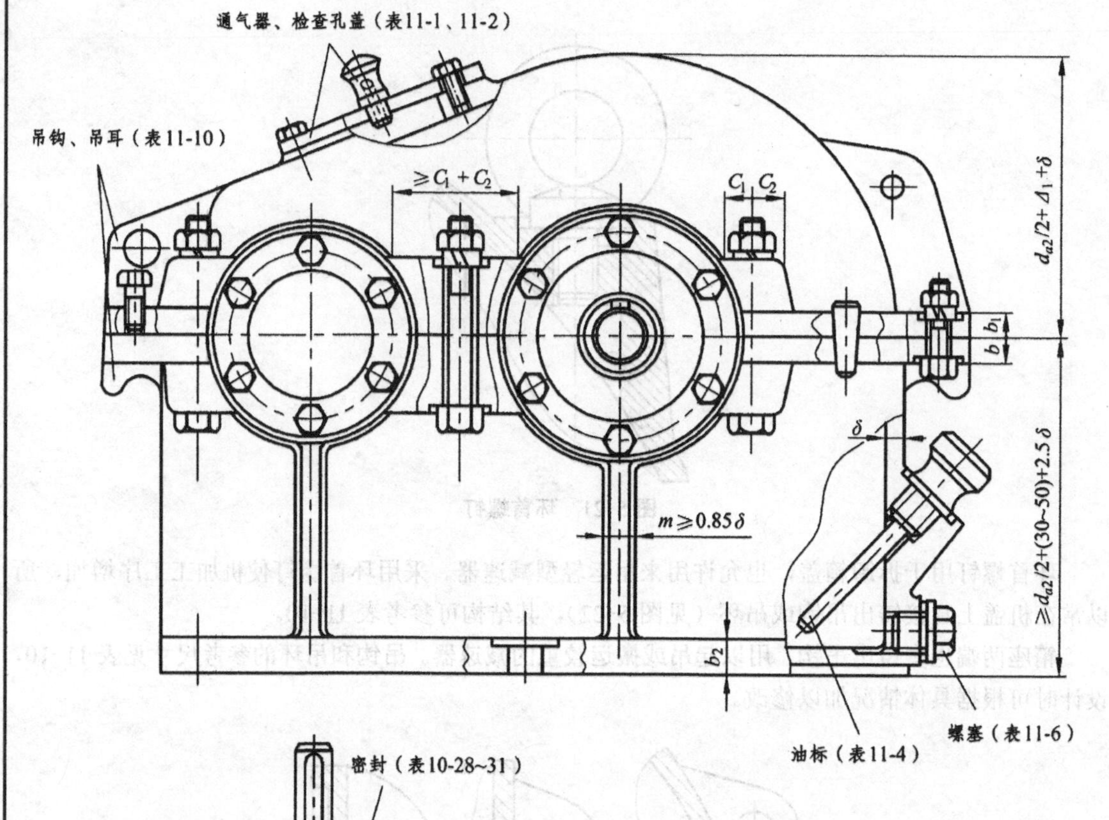

通气器、检查孔盖（表11-1、11-2）
吊钩、吊耳（表11-10）
≥C_1+C_2
C_1 C_2
$d_{a2}/2+\Delta_1+\delta$
b_1
b
δ
$\geq d_{a2}/2+(30\sim50)+2.5\delta$
$m\geq0.85\delta$
b_2
油标（表11-4）
螺塞（表11-6）
密封（表10-28~31）
封油环（图5-3）
C_2
$C_1+\delta$
Δ_1
Δ_2
Δ_3
L
B
e
a
齿轮（表10-25）
轴承盖（表11-7、8）

图 5-23　单级圆柱齿轮

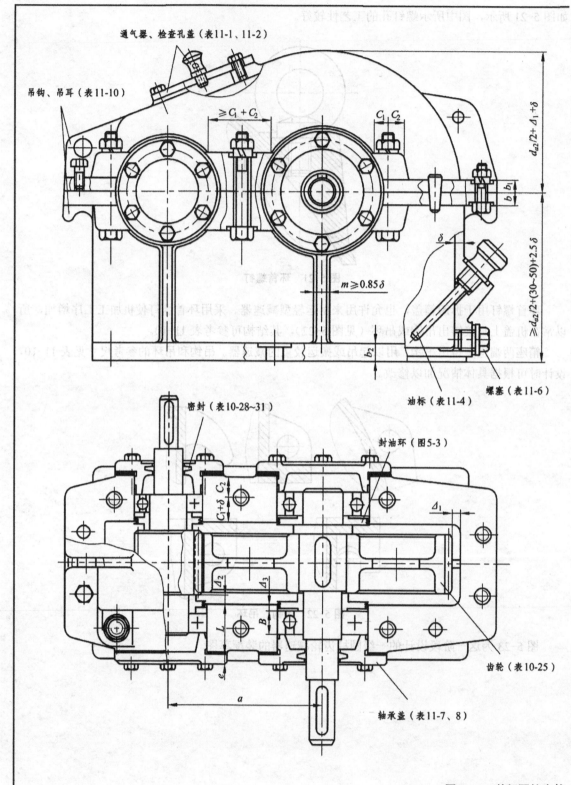

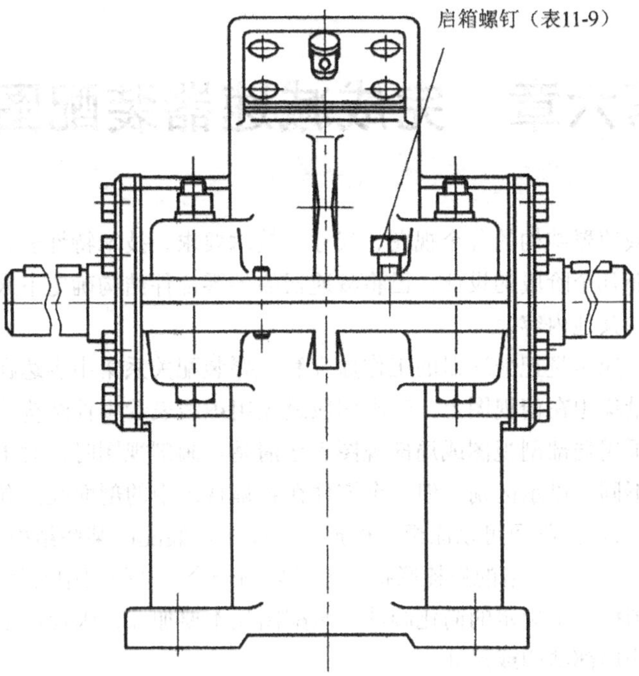

减速器装配草图

第六章　完成减速器装配图

装配图内容包括减速器结构的各个视图、尺寸、技术要求、技术特性表、零件编号、明细表和标题栏等。经过前面几个阶段的设计，已将减速器的各零部件结构确定下来，但作为完整的装配图，还要完成下述的其他内容。

在完成装配图时，应尽量把减速器的工作原理和主要装配关系集中表达在一个基本视图上。对于齿轮减速器，尽量集中在俯视图上。装配图应避免用虚线表示零件结构，必须表达的内部结构（如附件结构）可采用局部剖视图或局部视图表达清楚。画剖视图时，对于相邻的不同零件，其剖面线的方向应该不同，以示区别。但一个零件在各幅视图中的剖面线方向和间隔应一致。对于很薄的零件（如垫片），其剖面可以涂黑。根据教学要求，装配图某些结构可以来用简化画法。例如，对于相同类型、尺寸、规格的螺栓联接，可以只画一个，其他用中心线表示。螺栓、螺母、滚动轴承可以采用制图标准中规定的简化画法。装配图先不要加深，因设计零件工作图时可能还要修改装配图中的某些局部结构或尺寸。

一、装配图上应标注的尺寸

（1）特性尺寸：传动零件中心距。

（2）配合尺寸：主要零件的配合处应标出尺寸、配合性质和精度等级。配合性质和精度的选择对减速器的工作性能、加工工艺及制造成本等有很大影响，应根据手册中有关资料认真确定。配合性质的精度也是选择装配方法的依据。表 6-1 给出了减速器主要零件的荐用配合，供设计时参考。

表 6-1　减速器主要零件的荐用配合

配合零件	荐用配合	装拆方法
大中型减速器的低速级齿轮（蜗轮）与轴的配合，轮缘与轮心的配合	$\frac{H7}{r6}, \frac{H7}{s6}$	用压力机或温差法（中等压力的配合，小过盈配合）
一般齿轮、蜗轮、带轮、联轴器与轴的配合	$\frac{H7}{r6}$	用压力机（中等压力的配合）
要求对中性良好及很少装拆的齿轮、蜗轮、联轴器与轴的配合	$\frac{H7}{n6}$	用压力机（较紧的过渡配合）
圆锥小齿轮及较常装拆的齿轮、联轴器与轴的配合	$\frac{H7}{m6}, \frac{H7}{k6}$	手锤打入（过渡配合）
滚动轴承内孔与轴配合	k5（轴偏差）	用压力机（过盈配合）
滚动轴承外圈与箱座孔的配合	H7（孔偏差）	木锤或徒手装拆
轴承套环与箱座孔的配合	$\frac{H7}{h6}$	徒手装拆
嵌入式轴承盖的凸缘厚与箱座孔中凹槽之间的配合	$\frac{H11}{a11}$	徒手装拆

（3）安装尺寸：箱体底面尺寸（包括长、宽、厚），地脚螺栓孔中心的定位尺寸，地脚螺栓孔之间的中心距和直径，减速器中心高，主动轴与从动轴外伸端的配合长度和直径，以及轴外伸端面与减速器某基准轴线的距离等。

（4）外形尺寸：减速器总长、总宽、总高等。它是表示减速器大小的尺寸，以便考虑所需空间大小及工作范围等，供车间布管及装箱运输时参考。

标注尺寸时，应使尺寸的布置整齐清晰，多数尺寸应布置在视图外面，并尽量集中在反映主要结构的视图上。

二、写出减速器的技术特性

应在装配图上适当位置写出减速器的技术特性，包括：输入功率和转速、传动效率、总传动比及各级传动比、传动特性（如各级传动件的主要几何参数、精度等级）等，见表 6-2。

表 6-2　一级圆柱齿轮减速器技术特性

输入功率/kW	高速轴转速/（r/min）	效率 η	传动比 i

装配图上都要标注一些在视图上无法表示的关于装配、调整、检验、维护等方面的技术要求。正确制订这些技术要求将保证减速器的各种性能。技术要求通常包括下面几方面的内容：

1. 对零件的要求

在装配前，应按图纸检验零件的配合尺寸，合格零件才能装配清洗。箱体内不许有任何杂物存在，箱体内壁应涂上防侵蚀的涂料。

2. 对润滑剂的要求

润滑剂对传动性能有很大影响，起着减少摩擦、降低磨损和散热冷却的作用，同时也有助于减振、防锈及冲洗杂质，所以在技术要求中应标明传动件及轴承所用润滑剂牌号、用量、补充及更换时间。选择润滑剂时，应考虑传动类型、载荷性质及运转速度。一般对重载、高速、频繁启动、反复运转等情况，由于形成油膜条件差，温升高，所以应选用黏度高、油性和极压性好的润滑油。

当传动件与轴承采用同一润滑剂时（两者对润滑剂的要求不同），应优先满足传动件的要求并适当兼顾轴承的要求。

传动件和轴承所用润滑剂的具体选择方法可参考《机械设计基础》（唐俊主编）教材。箱体内装油量的计算如前所述。换油时间取决于油中杂质多少及氧化与被污染的程度，一般为半年左右。当轴承采用润滑脂润滑时，轴承空隙内润滑脂的填入量与速度有关，若轴承转速 n＜1 500 r/min，润滑脂填入量不得超过轴承空隙体积的 2/3；若轴承转速 n＞1 500 r/min，则润滑脂填入量不得超过轴承空隙体积的 1/3～1/2。油脂用得过多会使阻力增大、温升提高，影响润滑效果。

3. 对密封的要求

在试运转过程中，所有联接面及轴伸出端密封处都不允许漏油。剖分面允许涂以密封胶或水玻璃。不允许使用任何垫片。

4. 对安装调整的要求

在安装调整滚动轴承时，必须保证一定的轴向游隙。应在技术要求中提出游隙的大小，因为游隙大小将影响轴承的正常工作。游隙过大会使滚动体受载不均、轴系窜动；游隙过小则会妨碍轴系因发热而伸长，增加轴承阻力，严重时会将轴承卡死。当轴承支点跨度大、运转温升高时，应取较大的游隙。两端固定的轴承结构中采用不可调间隙的轴承（如向心球轴承）时，可在端盖与轴承外端面间留适当的轴向间隙 Δ（Δ=0.25～0.4 mm）（见图 6-1），以容许轴承的热伸长，间隙大小可用垫片调整。

图 6-1 所示结构是用垫片调整轴承的轴向间隙。其调整方法是，先用端盖将轴承顶紧到轴能够勉强转动，这时基本消除了轴承的轴向间隙，而端盖与轴承座之间有间隙 δ，再用厚度为 $\delta+\Delta$ 的调整垫片置于端盖与轴承座之间，拧紧螺钉，即可得到需要的间隙 Δ。垫片可采用一组厚度不同的软薄钢片所组成。

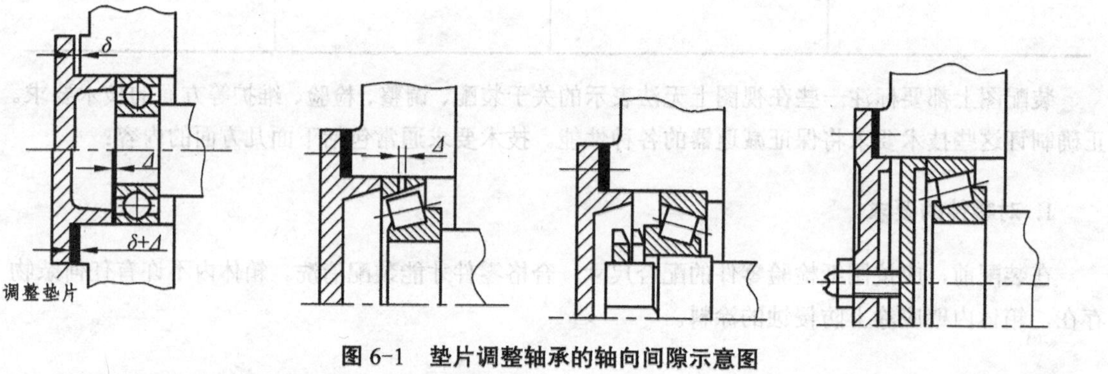

图 6-1　垫片调整轴承的轴向间隙示意图

垫片不起调整作用，只起密封作用。

在安装齿轮后，必须保证需要的侧隙及齿面接触斑点，所以技术要求必须提出这方面的具体数值，供安装后检验用。侧隙和接触斑点是由传动精度确定的，可由手册查出。

传动侧隙的检查可以用塞尺或铅片塞进相互啮合的两齿间，然后测量塞尺厚度或铅片变形后的厚度。

接触斑点的检查是在主动轮齿面上涂色，当主动轮转动 2～3 周后，观察从动轮齿面的着色，由此分析接触区位置及接触面积大小及调整方法。表 6-3 所示为圆柱齿轮接触斑点部位及调整方法，当传动侧隙及接触斑点不符合精度要求时，可对齿面进行刮研、跑合或调整传动件的啮合位置。接触斑点的具体数值可以查表 13-4。

5. 对试验的要求

做空载试验正反转各 1 h，要求运转平稳、噪声小，油池温升不得超过 35℃，轴承温升不得超过 40℃。

表 6-3　接触斑点部位及调整方法

接触部位	原因分析	调整、改进方法
	正常接触	
	齿形误差超差或齿轮的齿圈径向跳动超差	对齿轮进行返修

	两齿轮轴线歪斜等	对轮齿或轴承座孔进行返修

6. 对包装、运输和外观的要求

机器的外伸轴及其零件需涂油并包装严密，运输和装卸时不可倒置，整体搬动应用底座上的吊钩，不得用箱盖上的吊环或吊耳。

三、零件编号

可以不区分标准件和非标准件，统一编号；也可把标准件和非标准件分开，分别编号。编号引线及写法如图 6-2 所示。图上相同零件应只有一个编号，编号线相互不能相交，并且不与剖面线平行。对于装配关系清楚的零件组（如螺栓、垫圈、螺母）可以利用公共编号引线，如图 6-2 所示。编号可以按照顺时针方向（或逆时针方向）的顺序排列整齐，字高要比尺寸数字高度大一号或两号。

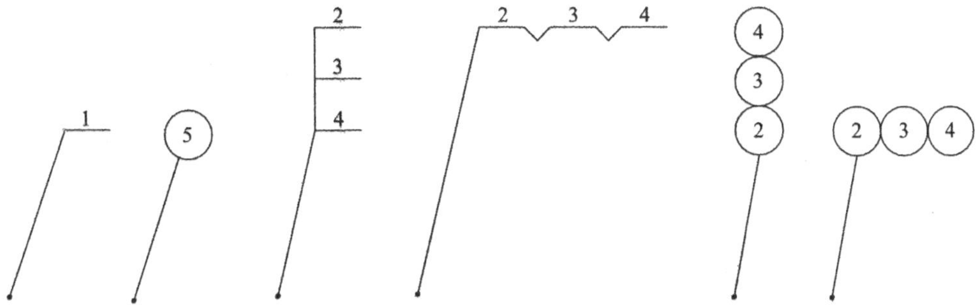

图 6-2　零件编号引线及写法示意图

四、列出零件明细表及标题栏

明细表是减速器所有零件的详细目录，填写明细表的过程也是最后确定材料及标准件的过程。应尽量减少材料和标准件的品种和规格。明细表由下向上填写。标准件必须按照规定的标记，完整地写出零件名称、材料、主要尺寸及标准代号。材料应注明牌号。对各独立部件（如轴承、通气器）可作为一个零件标注。齿轮必须说明主要参数，如模数 m、齿数 z 等，机械设计基础课程设计所用的明细表、装配图标题栏如图 10-1 所示。

画好装配图后，应仔细检查图纸的设计质量，检查的主要内容如下：

（1）视图的数量是否足够，是否能够清楚地表达减速器的工作原理和装配关系。

（2）各零件的结构是否合理，加工、装拆、调整、维修、润滑是否可能和方便。

（3）尺寸是否符合标准系列，标注是否正确，重要零件的位置及尺寸（如齿轮、轴、支点距离等）是否符合设计计算要求，是否与零件工作图一致，相关零件的尺寸是否协调，配合和精度的选择是否适当，等等。

（4）技术要求和技术性能是否完善正确。

（5）零件编号是否齐全，标题栏及明细表各项是否正确，有无遗漏。

（6）是否符合国家制图标准。

图纸检查并修改后，画完零件图再加深加粗。所有文字和数字应按制图规定的格式清晰地写出，图纸应保持整洁。

第七章　零件工作图设计

一、零件工作图的设计要求

零件工作图是零件制造、检验和制订工艺规程的基本技术文件。它既要反映出设计意图，又要考虑到制造的可能性和合理性。因此，零件工作图应包括制造和检验零件所需全部内容（尺寸及其公差、表面粗糙度、形位公差、对材料及热处理的说明及其他技术要求、标题栏等）。

每个零件必须单独绘制在一个标准图幅中，安排视图要合理。尽量采用 1∶1 比例尺，各视图应把零件各部分结构形状及尺寸表达清楚。对于细部结构（如环形槽、圆角等），如有必要，可用放大的比例尺另行表示。

零件的基本结构及主要尺寸应与装配图一致，不应随意更改。如必须更改，应对装配图作相应的修改。

标注尺寸时要选好基准面，标出足够的尺寸而不重复，并且要便于零件的加工制造，应避免在加工时作任何计算。大部分尺寸最好集中标注在最能反映零件特征的视图上。对配合尺寸及要求精确的几何尺寸，应标注出尺寸的极限偏差，如配合的孔、箱体孔中心距等。

零件所有表面都应注明表面粗糙度的数值，如较多表面具有同样的粗糙度，应在图纸右上角统一标注，并加“其余”字样，但只允许就其中使用最多的一种粗糙度如此标注。粗糙度的选择，可参看有关手册，在不影响正常工作的情况下，尽量采用较大的粗糙度数值。

零件工作图上要标注必要的形位公差，它是评定零件质量的重要指标之一，其具体数值及标注方法可参考有关手册和图册。

对传动零件还要列出主要几何参数、精度等级及偏差表。

此外，还要在零件工作图上提出必要的技术要求，它是在图纸上不使用图形或符号表示在制造时又必须保证的要求。在图纸右下角应画出标题栏。

在加工前应对零件工作图仔细检查。对不同类型的零件，其工作图的具体内容也各有特点。

二、轴零件工作图的设计

这类零件系指圆柱体形状的零件，如轴、套筒等。

1. 视　图

一般只需一个主视图和必要的剖视图（如退刀槽、中心孔等）。

2. 标注尺寸

轴类零件应该标注直径尺寸、长度尺寸、键槽和细部结构尺寸等。标注直径尺寸时，应特别注意有配合关系的部位，各段直径均应逐一标出，不得省略。标注长度尺寸时，首先选好基准面，并尽量使尺寸的标注反映加工工艺的要求，不允许出现封闭的尺寸链（但必要时可以标注带有括号的参考尺寸）。

3. **表面粗糙度**

轴的所有表面都要加工，其表面粗糙度可查表 12-9。应尽量选取数值较大者，以利于加工。

4. **形位公差**

轴的形位公差标注方法及公差值标注示例见第九章轴的零件工作图。圆柱度、对称度及圆跳动公差的具体数值，可以查表 12-7、表 12-8。

5. **技术要求**

轴类零件图的技术要求包括：

① 对材料的机械性能和化学成分的要求，允许的代用材料等。② 对材料表面机械性能的要求，如热处理方法、热处理后的硬度、渗碳深度及淬火深度等。③ 对加工的要求，如是否要保留中心孔，若要保留中心孔，应在零件图上画出或按国标加以说明。与其他零件一起配合加工的（如配钻或配铰等）也应说明。④ 对于未注明的圆角、倒角的说明，毛坯校直等。

三、齿轮类零件

1. **视　图**

齿轮类零件图一般用两个视图表示。齿轮轴的视图则与轴类零件图相似。为了表达齿形的有关特征及参数，必要时应画出局部剖面图。

2. **标注尺寸**

各径向尺寸以中心线为基准标出，齿宽方向的尺寸以端面为基准标出。齿轮类零件的分度圆直径虽不能直接测量，但它是设计的基本尺寸，齿顶圆直径、轮毂等尺寸，都是加工中不可缺少的尺寸，应该标注。齿根圆是根据其他参数加工的结果，在图纸上不标注。

齿轮的轴孔是加工、测量和装配时的重要基准。尺寸精度要求高，应标出尺寸偏差。

齿轮的形位公差，包括键槽两个侧面对于中心线的对称度公差，一般按 7～9 级精度选取，查表 12-8。

3. **表面粗糙度**

表面粗糙度可参考表 12-9。

4. **啮合特性表**

啮合特性表的内容包括齿轮的主要参数、精度等级和检验项目，见表 13-3～13-13。第九章圆柱齿轮零件图中啮合特性表的具体内容可供参考。

5. **技术要求**

① 对铸件、锻件或其他类型坯件的要求。② 对材料的机械性能和化学成分的要求及允许代用的材料。③ 对材料表面机械性能的要求（如热处理方法、处理后的硬度等），对未注明倒角、圆角半径的说明。④ 对大型或高速齿轮的平衡试验要求。⑤ 渗碳深度及淬火深度等。

第八章　编写计算说明书

计算说明书是设计计算的整理和总结，是图纸设计的理论根据，也是审核设计的技术文件。因此，编写计算说明书是设计工作的一个重要组成部分。

一、内　容

计算说明书的内容视设计任务而定，对于以减速器为主的传动装置设计，其设计内容如下：

（1）目录（标题及页次）。

（2）设计任务书。

（3）传动方案的拟订（简要说明，附传动方案简图）。

（4）电动机的选择及传动装置的运动和动力参数计算。

（5）分配各级传动比，计算各轴转速、功率和转矩。

（6）传动零件的设计计算。

（7）轴的计算。

（8）键联接的选择和计算。

（9）滚动轴承的选择和计算。

（10）联轴器的选择。

（11）箱体设计、附件选用。

（12）润滑、密封的选择。

（13）设计小结（课程设计的体会，本设计的优缺点及改进意见）。

（14）参考资料。

二、设计说明书的要求

（1）要求计算正确，论述清楚，文字简练，插图简明，书写整洁。计算部分的书写，首先列出用文字符号表达的计算公式，再代入各文字符号的数值（不需要中间运算和简化），写下计算结果（标明单位，注意单位的统一，并且写法应一致，即全用汉字或全用符号，不要混用）。

（2）对所引用的重要计算公式和数据，应注明来源（参考资料的编号和页次）。

（3）对计算结果应有简短的结论，例如，如计算结果与实际所取之值相差较大，应作简短的解释，说明原因。

（4）为了清楚说明计算内容，应该有必要的插图，例如，传动方案简图、轴的结构简图等。在传动方案简图中，对齿轮、轴等零件应统一编号，以便在计算中作脚注之用（注意在全部计算中所使用的符号和脚注，必须前后一致，不要混乱）。

第九章　减速器图例

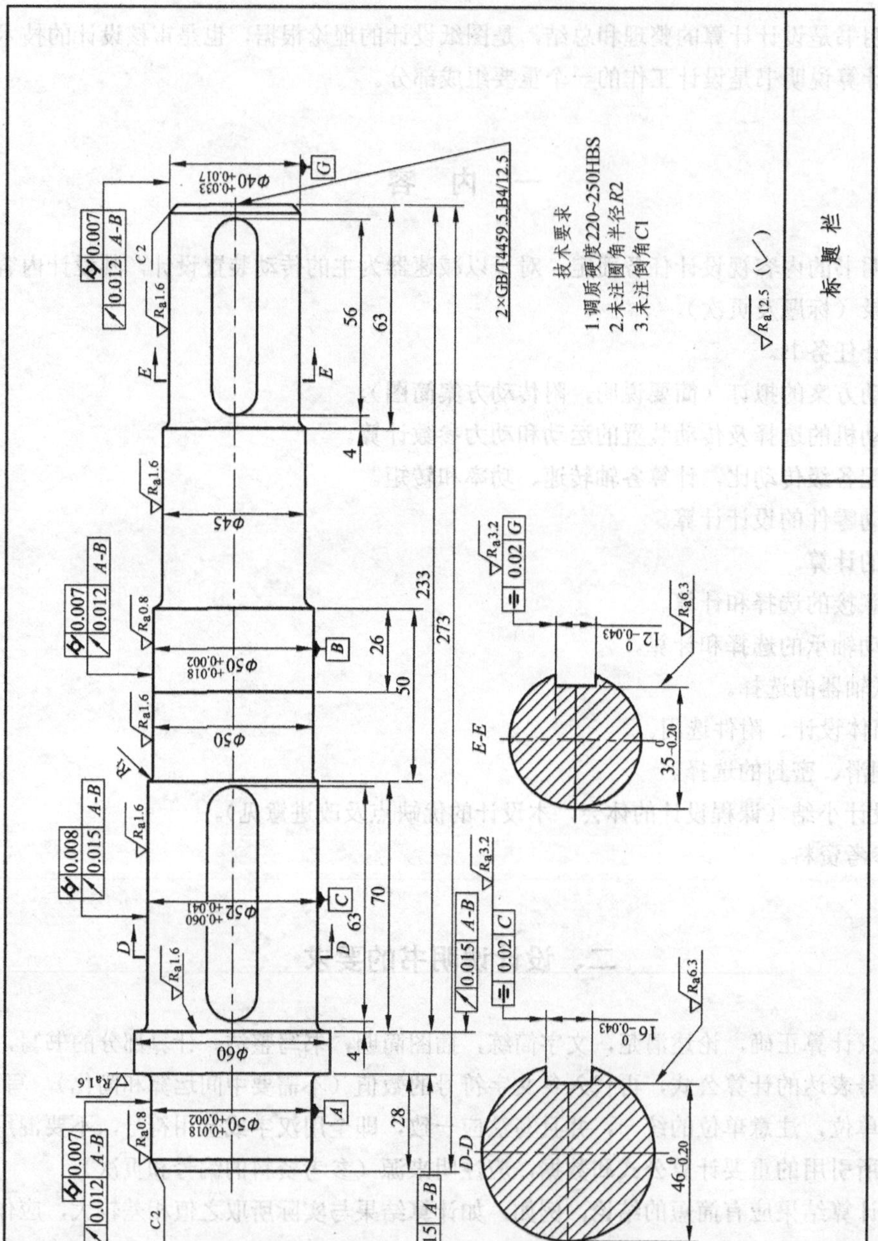

图 9-1　轴工作图示例

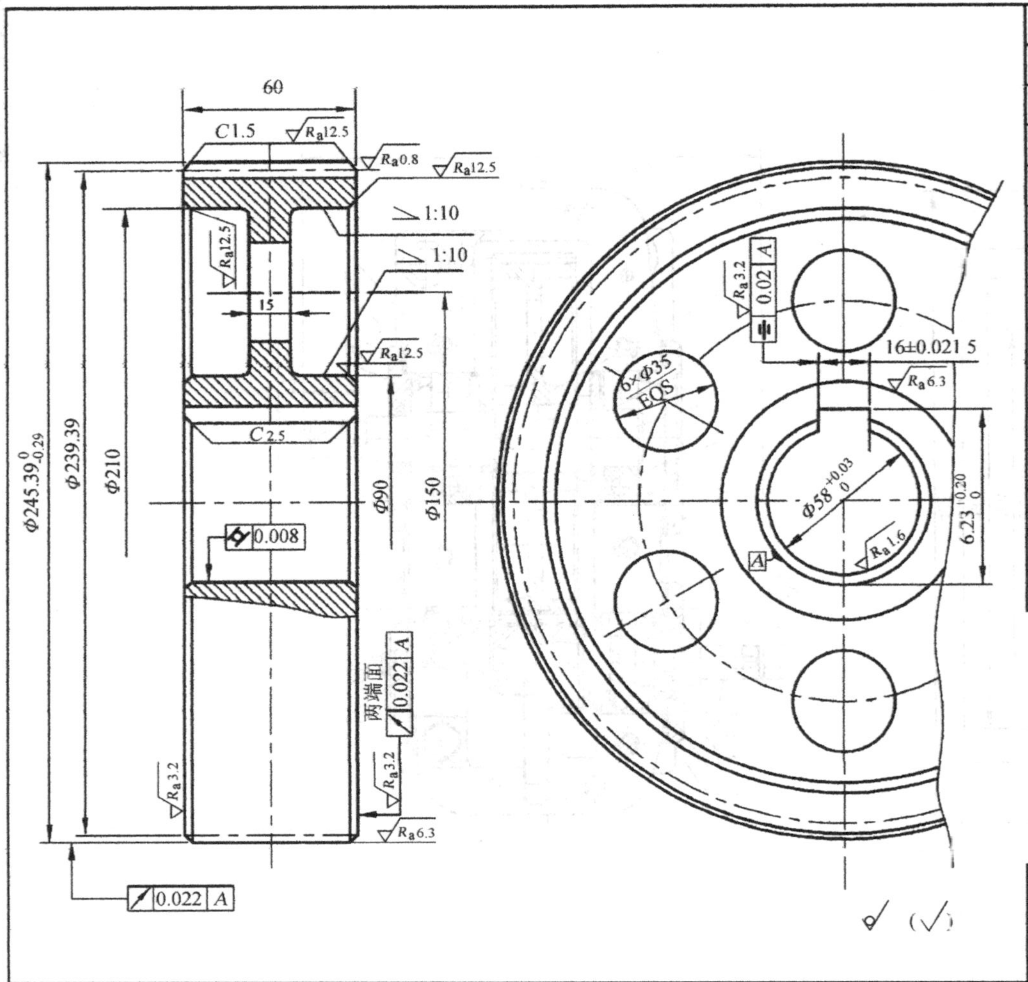

齿数	z	79
模数	m_n	3
齿形角	α	20°
齿顶高系数	h_a^*	1.0
中心距及其极限偏差 $a\pm f_a$	150±0.031 5	
径向变位因数	x	0
全齿高	h	6.75
精度等级	8-7-7HK GB10095-88	
相啮合齿轮图号		
齿轮径向跳动公差	F_r	0.063
公法线长度变动公差	F_w	0.050
齿距极限偏差	f_{pt}	±0.016
基圆圆齿距极限偏差	f_{pb}	±0.014
公法线平均长度及极限偏差	$W_k {}^{E_{Wms}}_{E_{Wmi}}$	$87.55^{-0.166}_{-0.225}$
跨齿数		10

技术条件

1.正火处理170~190HBS。

2.未注圆角半径R=5mm。

3.未注倒角C1.5

(标题栏)

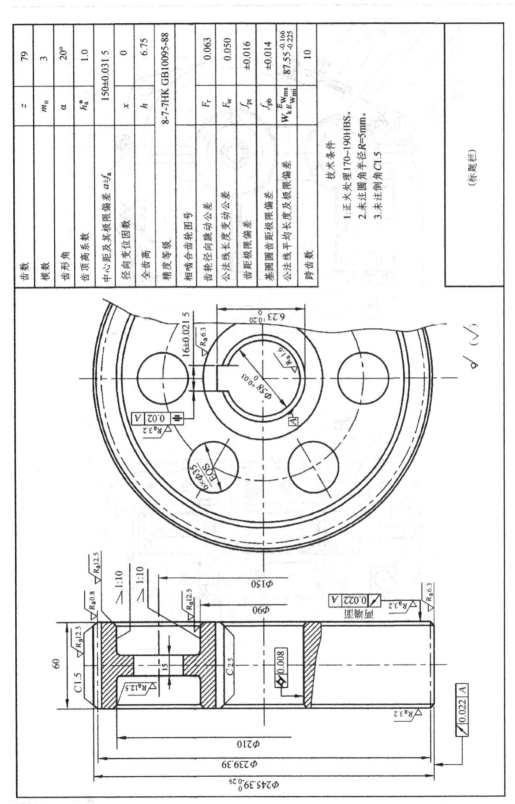

图 9-2 圆柱齿轮工作图示例

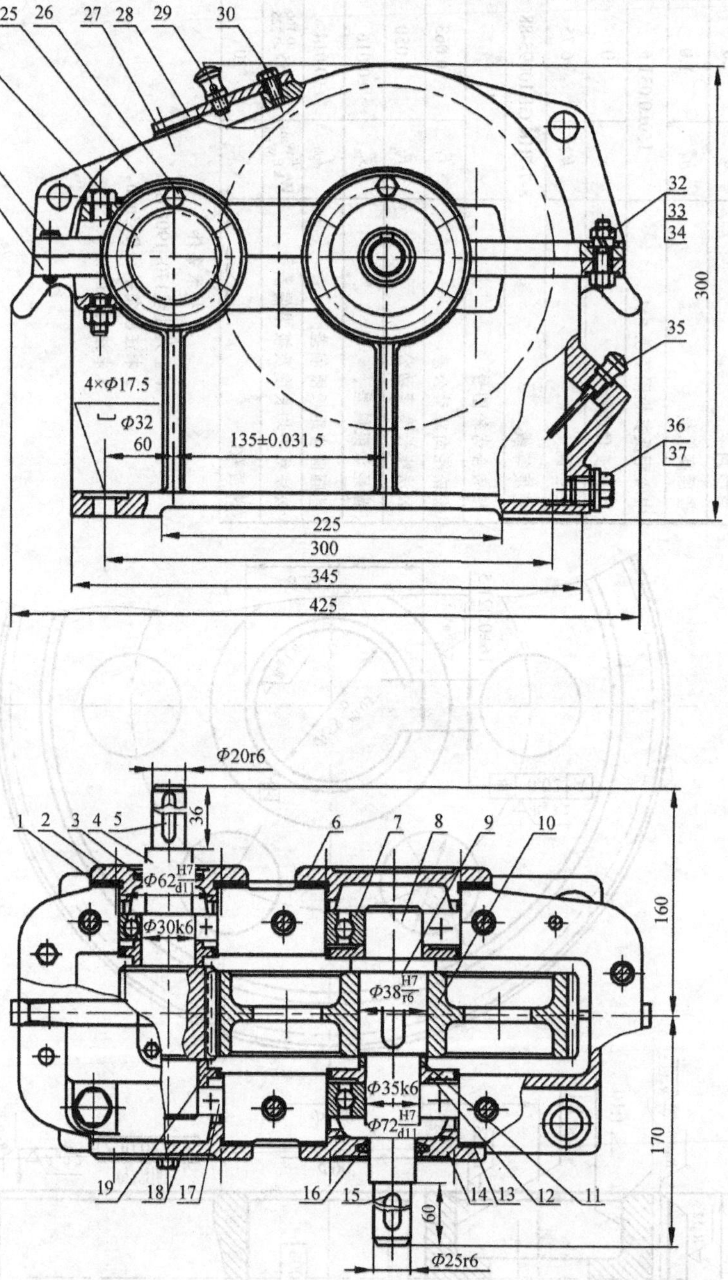
24
23
22
21
20
25
26
27
28
29
30
32
33
34
35
36
37
300
4×Φ17.5
Φ32
60
135±0.031 5
225
300
345
425
Φ20r6
36
1
2
3
4
5
6
7
8
9
10
Φ62 H7/d11
Φ30k6
Φ38 H7/r6
Φ35k6
Φ72 H7/d11
160
170
19
18
17
16
15
14
13
12
11
60
Φ25r6

图 9-3　单级圆柱

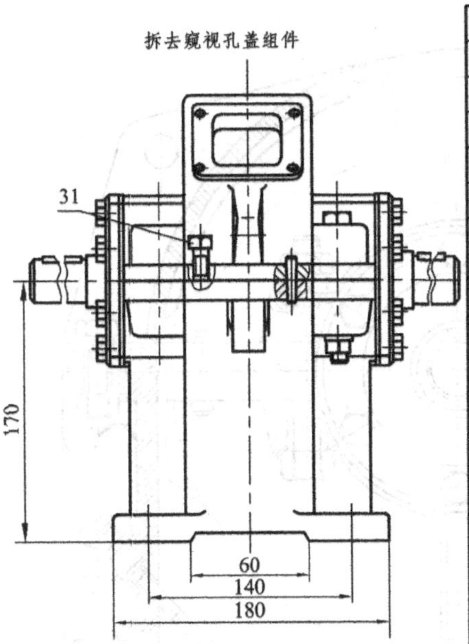

技术特性

功率/kW	高速轴转速/$(r \cdot min^{-1})$	传动比
3.9	572	4.63

技术要求

1.装配前,清洗所有零件,机体内壁涂防锈油漆;
2.装配后,检查齿轮齿侧间隙为:j_{min}=0.10 mm;
3.齿轮装配后应用涂色法检查接触斑点。沿齿高方向不小于55%,沿齿宽方向不小于50%,必要时可研磨或刮削后研磨,以改善接触情况;
4.调整轴承间隙0.2~0.4 mm;
5.减速器剖分前,各接触面以及密封处均不允许漏油、渗油,箱体剖分面允许涂密封胶或水玻璃,不允许使用其他任何填料;
6.减速器内装220中负荷工业齿轮油至规定高度;轴承用2N-3钠基润滑脂;
7.减速器外表面涂深灰色油漆;
8.按试验规程进行试验。

序号	代号	名称	数量	材料	单件质量	总计质量	备注
37		螺塞M8×1.5	1	Q235			
36		垫片	1	石棉橡胶板			
35		油标齿M12	1	Q235			
34	GB/T993-1987	垫圈10	2	62Mn			外购
33	GB/T1096-1990	螺栓M10	2	8级			外购
32	GB/T5783-2000	螺栓M10×35	2	8.8级			外购
31	GB/T5783-2000	螺栓M10×35	1	8.8级			外购
30	GB/T5783-2000	螺栓M5×16	4	8.8级			外购
29		通气器	1	Q235			
28		窥视孔盖	1	Q235			
27		垫片	1	软钢纸板			
26	GB/T5783-2000	螺栓M8×25	24	8.8级			外购
25		箱盖	1	HT200			
24	GB/T5783-2000	螺栓M12×100	6	8.8级			外购
23	GB/T6170-2000	螺母M12	6	8级			外购
22	GB/T993-1987	垫圈12	6	62Mn			外购
21	GB/T119-2000	销6×30	2	45			外购
20		箱座	1	HT200			
19		挡油盘	2	Q235			
18		轴承端盖	1	HT200			
17	GB/T276-1994	轴承6206	2	45			外购
16	FZ/T92010-1991	毡圈30	1	半粗羊毛毡			外购
15	GB/T1096-1990	键8×56	1	45			外购
14		轴承端盖	1	HT200			
13		调整垫片	1	45			
12		挡油盘	2	Q235			
11		套筒	1	Q235			
10		大齿轮	1	45			m=2,z=117
9	GB/T1096-1990	键10×45	1	45			外购
8		轴	1	45			
7	GB/T276-1994	轴承6207	2				外购
6		轴承端盖	1	HT200			
5	GB/T1096-1990	键6×28	1	45			外购
4		齿轮轴	1	45			m=2,z=24
3	FZ/T92010-1991	毡圈　25	1	半粗羊毛毡			外购
2		轴承端盖	1	HT200			
1		调整垫片	2	08F			成组

标记	处数	分区	更改文件号	签名	年月日	（材料标记）	（单位名称）
设计		标准化				阶段标记　重量　比例	单级圆柱齿轮减速器（Ⅰ）
审核							（图样代号）
工艺		批准				共　张　第　张	

齿轮减速器（一）

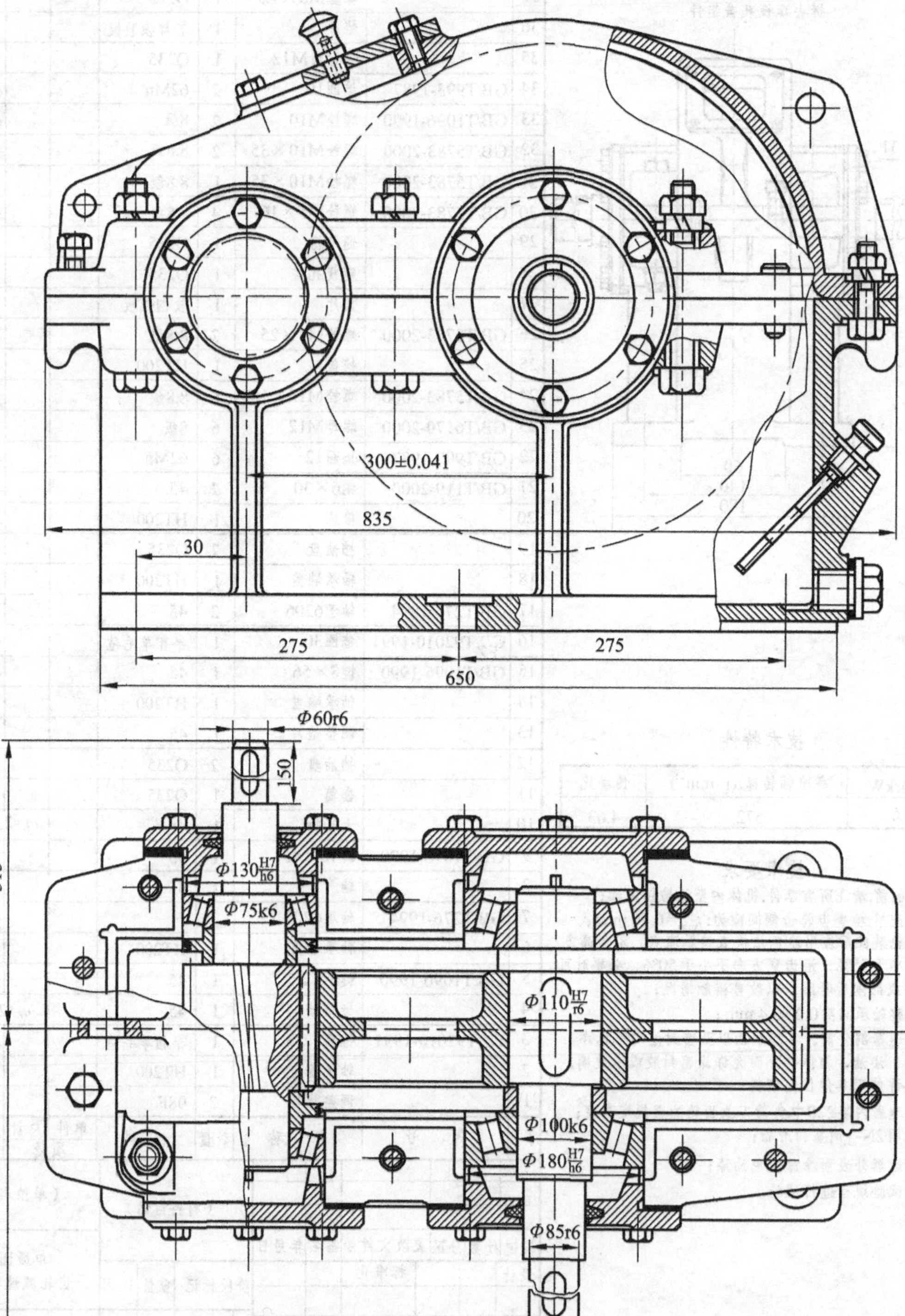

300±0.041
835
30
275
275
650
Φ60r6
150
315
330
Φ130H7/h6
Φ75k6
Φ110H7/r6
Φ100k6
Φ180H7/h6
Φ85r6

图 9-4　单级圆柱

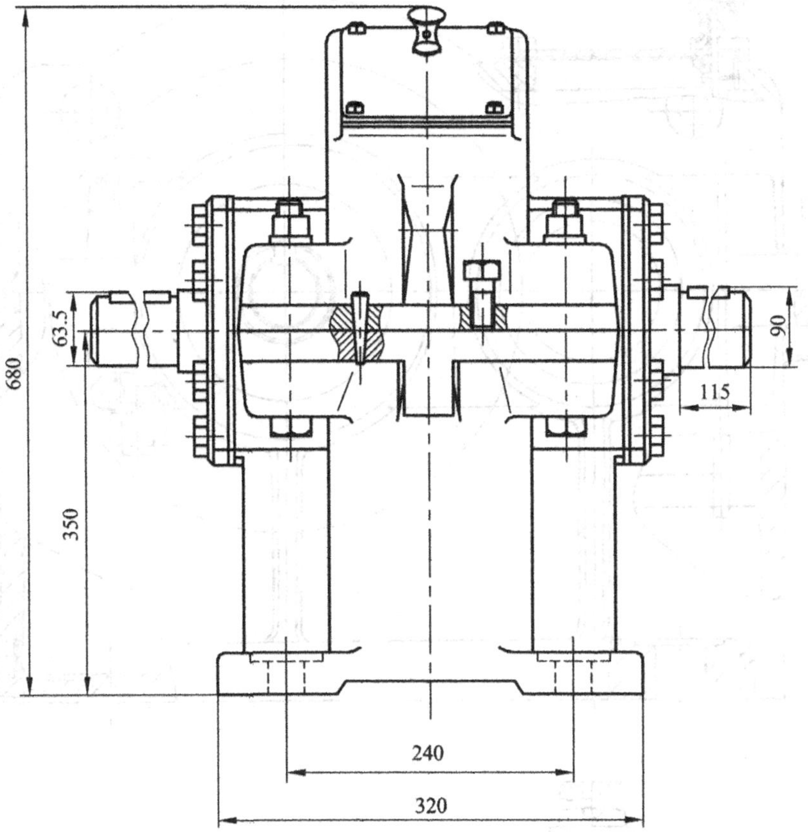

齿轮减速器（二）

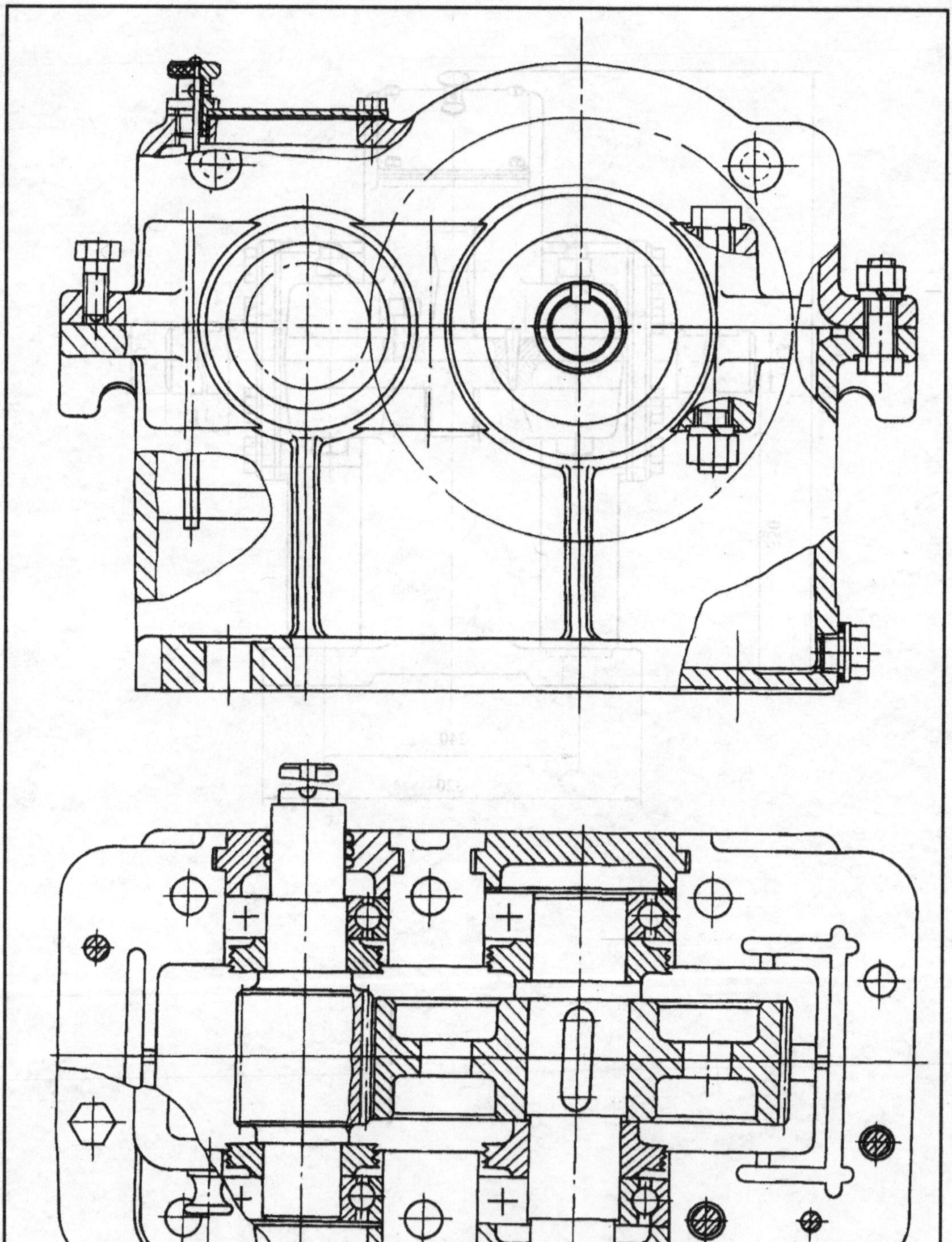

图 9-5　单级圆柱齿轮减速器（三）

第十章　课程设计常用资料及一般规范

表 10-1　图纸幅面（摘自 GB/T 14689—2008）　（单位：mm）

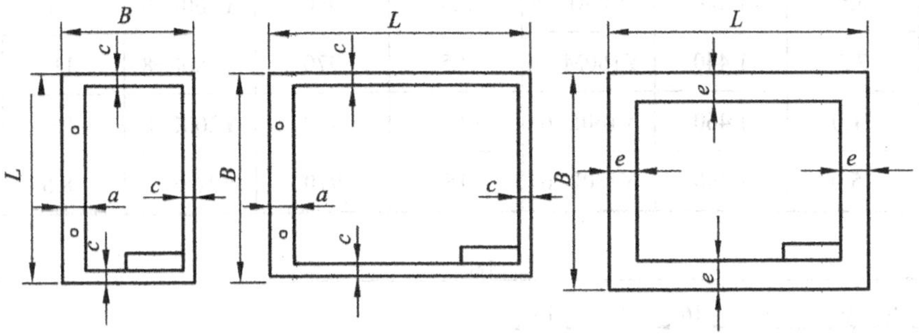

幅面代号	A0	A1	A2	A3	A4
$B \times L$	841×1 189	594×841	420×594	297×420	210×297
c	10			5	
a	25				
e	20		10		

注：必要时可以将表中幅面的边长加长。对于 A0，A2，A4 幅面加长量按 A0 幅面长边的 1/8 的倍数增加，对于 A1，A3 幅面加长量按 A0 幅面短边的 1/4 倍数增加，A0 及 A1 允许同时加长两边。

表 10-2　比例（摘自 GB/T 4457.2—2003）

与实物相同	1∶1
缩小的比例	1∶1.5　1∶2　1∶2.5　1∶3　1∶4　1∶5　1∶10^n　1∶1.5×10^n　1∶2×10^n　1∶2.5×10^n　1∶5×10^n
放大的比例	2∶1　2.5∶1　4∶1　5∶1　（$10\times n$）∶1

注：n 为正整数。

表 10-3　Y 系列三相异步电动机技术参数（摘自 JB/T 10391-2002）

型　号	额定功率 P/kW	满载转速/（$r \cdot min^{-1}$）	型　号	额定功率 P/kW	满载转速/（$r \cdot min^{-1}$）	型　号	额定功率 P/kW	满载转速/（$r \cdot min^{-1}$）
同步转速 n = 1 500 $r \cdot min^{-1}$			同步转速 n = 1 000 $r \cdot min^{-1}$			同步转速 n = 750 $r \cdot min^{-1}$		
Y90L-4	1.5	1 400	Y100L-6	1.5	940	Y132S-8	2.2	710
Y100L1-4	2.2	1 430	Y112M-6	2.2	940	Y132M--8	3	710
Y100L2-4	3.0	1 430	Y132S-6	3	960	Y160M1-8	4	720
Y112M-4	4.0	1 440	Y132M1-6	4	960	Y160M2-8	5.5	720
Y132S-4	5.5	1 440	Y132M2-6	5.5	960	Y160L-8	7.5	720
Y132M-4	7.5	1 440	Y160M-6	7.5	970	Y180L-8	11	730
Y160M-4	11.0	1 460	Y160L-6	11	970	Y200L-8	15	730
Y160L-4	15.0	1 460	Y180L-6	15	970	Y225S-8	18.5	730

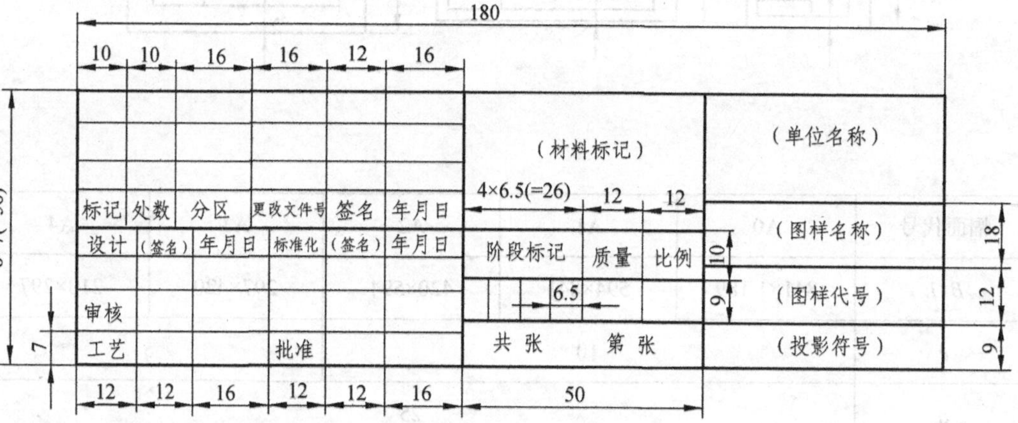

（a）装配图或零件图标题栏格式（摘自 GB 10609.1-2008）

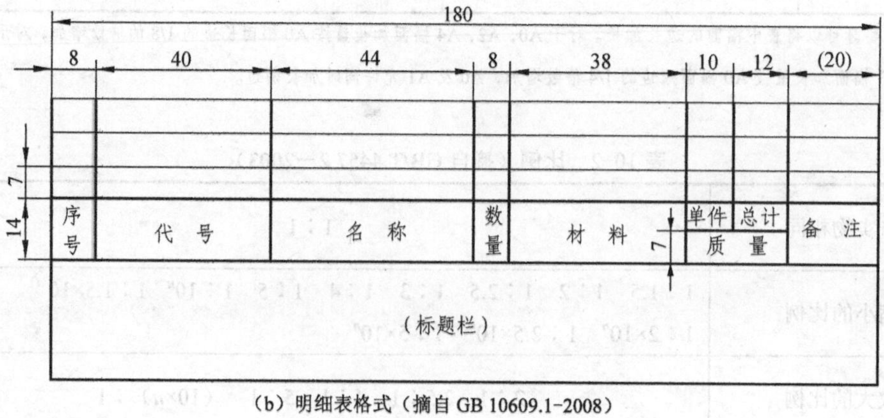

（b）明细表格式（摘自 GB 10609.1-2008）

图 10-1　标题栏、明细表格式

表 10-4　Y 系列三相异步电动机的外形及安装尺寸（摘自 JB/T 10392-2002）

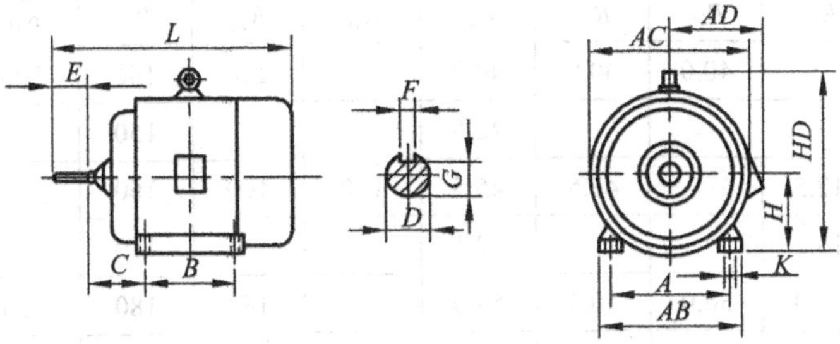

机号座	极数	A	B	C	D	E	F	G	H	K	L	AB	AC	AD	HD
90L	4	140	125	56	24	50	8	20	90	10	335	180	175	155	190
100L	4，6	160	140	63	28	60		24	100	12	380	205	205	180	245
112M	4，6	190	140	70					112		400	245	230	190	265
132S	4，6	216	140	89	38	80	10	33	132		475	280	270	210	315
132M	4，6，8		178								515				
160M	4，6，8	254	210	108	42	110	12	37	160	15	600	330	325	255	385
160L	4，6，8		254								645				
180L	4，6，8	279	279	121	48		14	42.5	180		710	355	360	285	430

表 10-5　机械传动效率和传动比概略值

类　别	传动类别	效　率	单级传动比	
			最　大	常　用
圆柱齿轮传动	7 级精度（稀油润滑） 8 级精度（稀油润滑） 9 级精度（稀油润滑） 开式传动（脂润滑）	0.98 0.97 0.96 0.94～0.96	10 15	3～5 4～6
锥齿轮传动	7 级精度（稀油润滑） 8 级精度（稀油润滑） 开式传动（脂润滑）	0.97 0.94～0.97 0.92～0.95	6 6 6	2～3 2～3 4
带传动	V 带传动	0.93～0.97	7	2～4
链传动	开　式 闭　式	0.90～0.93 0.95～0.97	7	2～4
蜗杆传动	自　锁 单　头 双　头 四　头	0.40～0.45 0.70～0.75 0.75～0.82 0.82～0.92	开式 100 闭式 80	15～60 10～40
一对滚动转承	球轴承 滚子轴承	0.99 0.98		
一对滑动轴承	润滑不良 正常润滑 液体摩擦	0.94 0.97 0.99		
联轴器		0.99		
运输滚筒		0.94～0.96		
螺旋转动（滑动）		0.30～0.60		

表 10-6　标准尺寸（直径、长度和高度等）（摘自 GB/T 2822-2005）　（单位：mm）

R_{10}	R_{20}	R_{40}	R_{10}	R_{20}	R_{40}	R_{10}	R_{20}	R_{40}	R_{10}	R_{20}	R_{40}
10.0	10.0		40.0	40.0	40.0		140	140	500	500	500
	11.2				42.5			150			530
12.5	12.5	12.5		45.5	45.5	160	160	160		560	560
		13.2			47.5			170			600
	14.0	14.0	50.0	50.5	50.0		180	180	630	630	630
		15.0			53.0			190			670
16.0	16.0	16.0		56.5	56.5	200	200	200		710	710
		17.0			60.0			212			750
	18.0	18.0	63	63	63		224	224	800	800	800
		19.0			67			236			850
20.0	20.0	20.0		71	71	250	250	250		900	900
		21.2			75			265			950
	22.4	22.4	80	80	80		280	280	1 000	1 000	1 000
		23.6			85			300			
25.0	25.0	25.0		90	90	315	315	315			
		26.5			95			335			
	28.0	28.0	100	100	100		355	355			
		30.0			106			375			
31.5	31.5	31.5		112	112	400	400	400			
		33.5			118			425			
	35.5	35.5	125	125	125		450	450			
		37.5			132			475			

表 10-7　配合表面处半径、倒角尺寸及定位轴肩（摘自 GB/T 6403.4－1986）　（单位：mm）

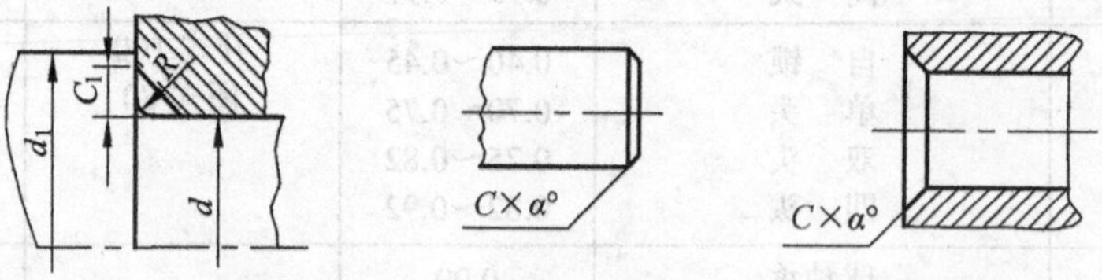

轴直径 d	＞10～18	＞18～30	＞30～50	＞50～80	＞80～120	＞120～180
R 及 C	0.8	1.0	1.6	2.0	2.5	3.0
C_1	1.2	1.6	2.0	2.5	3.0	4.0

注：1．与滚动轴承相配合的轴及轴承座孔处的圆角半径参见表 10-22 的安装尺寸；

2．α一般采用 45°，也可采用 30°或 60°；

3．C_1 的数值不属于 GB/T 6403.4-1986，仅供参考；

4．$d_1=d+(3\sim4)C_1$ 半圆整为标准值。

表 10-8 圆形零件自由表面过渡圆角半径 （单位：mm）

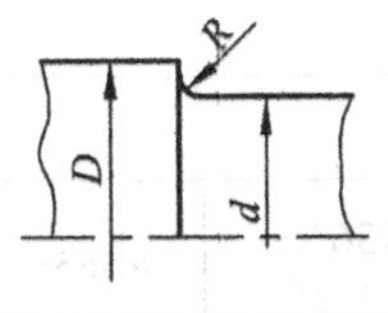

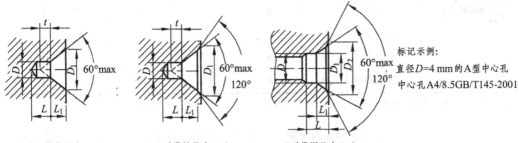

$D-d$	2	5	8	10	15	20	25	30	35	40	50	55	65	70	90	100
R	1	2	3	4	5	8	10	12	12	16	16	20	20	25	25	30

表 10-9 中心孔（摘自 GB/T 145—2001）

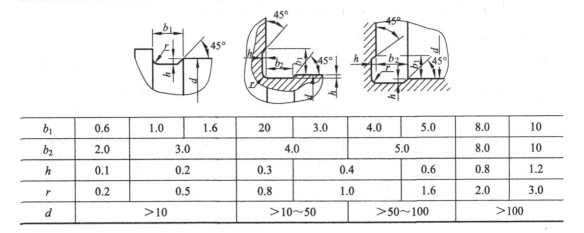

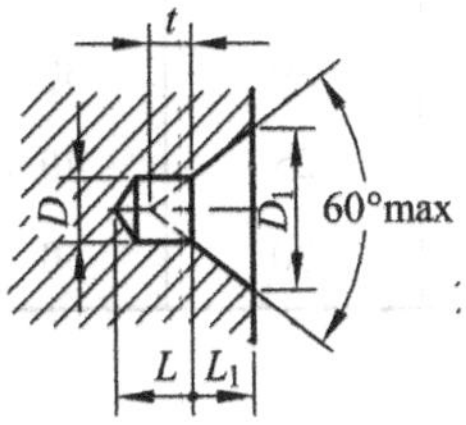

A型不带护锥中心孔

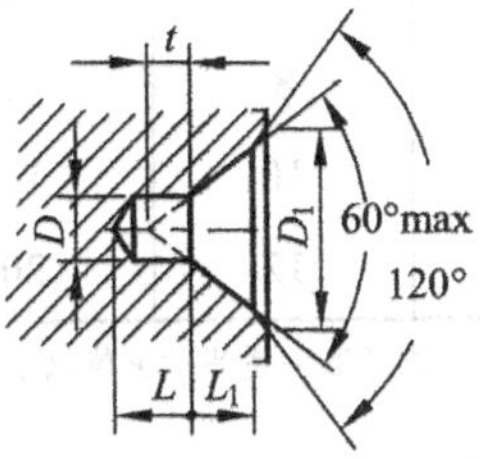

B型带护锥中心孔

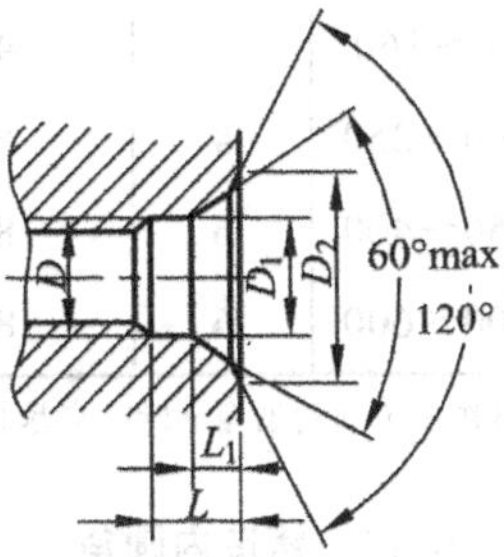

C型带螺纹中心孔

标记示例：

直径D=4 mm的A型中心孔

中心孔A4/8.5GB/T145-2001

D	D_1		L_1（参考）		t（参考）	D	D_1	D_2	L	L_1（参考）	选择中心孔的参考数据		
A,B 型	A 型	B 型	A 型	B 型	A,B 型	C 型					轴状原料最大直径 D_c	原料端部最小直径 D_u	零件最大质量 /kg
3.15	6.70	10.00	3.07	4.03	2.8	M3	3.2	5.8	2.6	1.8	＞30～50	12	500
4.00	8.50	12.50	3.90	5.05	3.5	M4	4.3	7.4	3.2	2.1	＞50～80	15	800
(5.00)	10.60	16.00	4.85	6.41	4.4	M5	5.3	8.8	4.0	2.4	＞80～120	20	1 000
6.30	13.20	18.00	5.98	7.36	5.5	M6	6.4	10.5	5.0	2.8	＞120～180	25	1 500
(8.00)	17.00	22.40	7.79	9.36	7.0	M8	8.4	13.2	6.0	3.3	＞180～220	30	2 000

注：1．不要求保留中心孔的零件采用 A 型，要求保留中心孔的零件采用 B 型，将零件固定在轴上的中心孔用 C 型；

2．C 型中心孔 L_1 根据固定螺钉尺寸确定，但不得小于表中 L_1 的数据；

3．括号内的尺寸尽量不用。

表 10-10 砂轮越程槽（摘自 GB/T 6403.5—1986） （单位：mm）

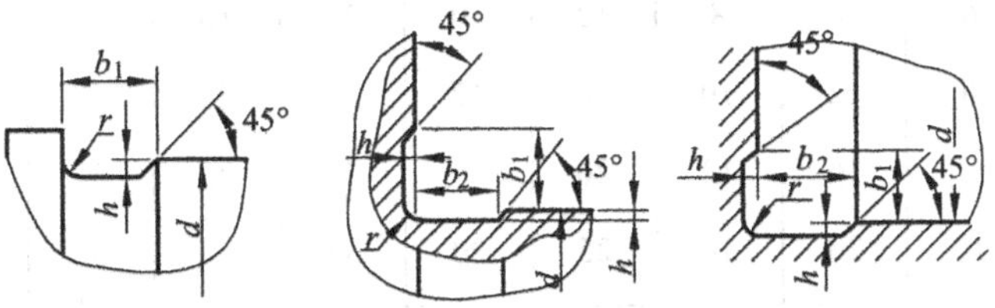

b_1	0.6	1.0	1.6	20	3.0	4.0	5.0	8.0	10
b_2	2.0	3.0		4.0		5.0		8.0	10
h	0.1	0.2		0.3	0.4		0.6	0.8	1.2
r	0.2	0.5		0.8	1.0		1.6	2.0	3.0
d	＞10			＞10～50		＞50～100		＞100	

表 10-11　铸造外圆角（摘自 JB/ZQ 4256－1986）

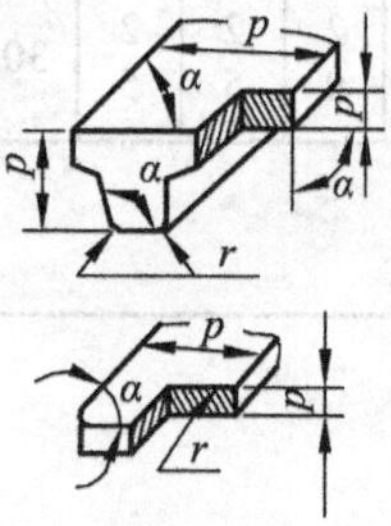

表面的最小边尺寸 p/mm	r 值/mm 外圆角α <50°	51°～75°	76°～105°	106°～135°	136°～165°	>165°
≤25	2	2	2	4	6	8
>25～60	2	4	4	6	10	16
>60～160	4	4	6	8	16	25
>160～250	4	6	8	12	20	30
>250～400	6	8	10	16	25	40
>400～600	6	8	12	20	30	50

注：如果铸件按上表可选出许多不同的圆角 r 时，应尽量减少或只取一适当的 r 值以求统一。

表 10-12　铸造内圆角（摘自 JB/ZQ 4255－1986）　　　　（单位：mm）

$a \approx b$
$R_1 = R + a$

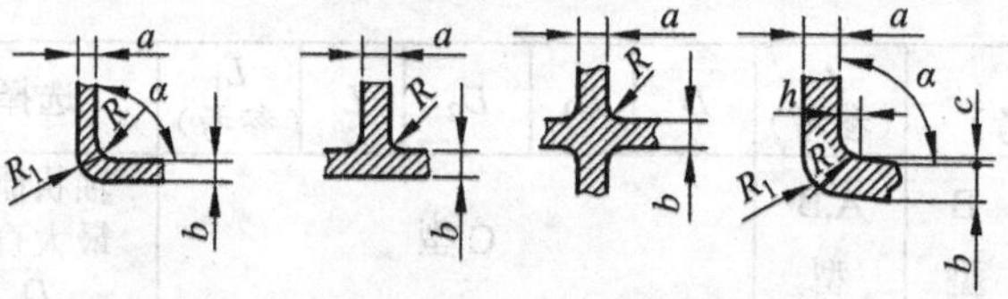

$b < 0.8a$ 时
$R_1 = R + a + c$

$\frac{a+b}{2}$	R 值/mm 外圆角α <50° 钢	<50° 铁	51°～75° 钢	51°～75° 铁	76°～105° 钢	76°～105° 铁	106°～135° 钢	106°～135° 铁	136°～165° 钢	136°～165° 铁	>165° 钢	>165° 铁
≤8	4	4	4	4	6	4	8	6	16	10	20	16
9～12	4	4	4	4	6	6	10	8	16	12	25	20
13～16	4	4	6	4	8	6	12	10	20	16	30	25
17～20	6	4	8	6	10	8	16	12	25	20	40	30
21～27	6	6	10	8	12	10	20	16	30	25	50	40
28～35	8	6	12	10	16	12	25	20	40	30	60	50
36～45	10	8	16	12	20	16	30	25	50	40	80	60
46～60	12	10	20	16	25	20	35	30	60	50	100	80

c 和 h 值/mm

b/a		<0.4	0.5～0.65	0.66～0.8	>0.8
≈c		0.7（a−b）	0.8（a−b）	a−b	—
≈h	钢	8c			
≈h	铁	9c			

表 10-13　普通螺纹基本尺寸（摘自 GB/T 192-2003，GB/T 196-2003）　（单位：mm）

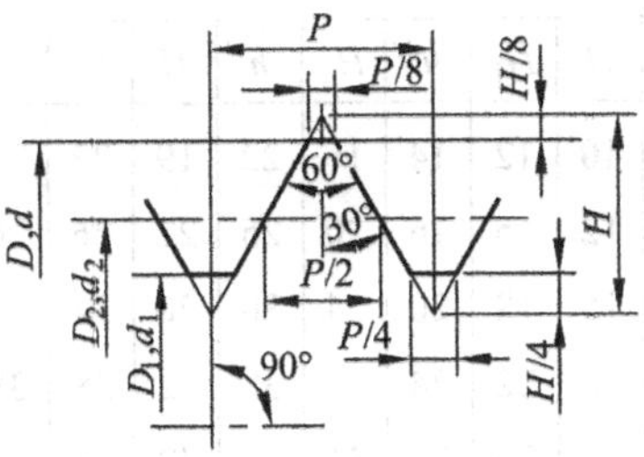

$H=0.866P$

$d_2=d-0.6495P$

$d_1=d-1.0825P$

D，d — 内，外螺纹大径

D_2，d_2 — 内，外螺纹中径

D_1，d_1 — 内，外螺纹小径

P — 螺距

标记示例：

公称直径为 10 mm，螺距为 1.5 mm，右旋粗牙普通螺纹：M10

公称直径为 10 mm，螺距为 1 mm，右旋细牙普通螺纹：M10×1

公称直径 D，d		螺距 P	中径 D_2 或 d_2	小径 D_1 或 d_1	公称直径 D，d		螺距 P	中径 D_2 或 d_2	小径 D_1 或 d_1	公称直径 D，d		螺距 P	中径 D_2 或 d_2	小径 D_1 或 d_1
第一系列	第二系列				第一系列	第二系列				第一系列	第二系列			
6						18	2.5	16.376	15.294		33	3.5	30.727	29.211
		1	5.350	4.917			2	16.701	15.836			(3)	31.051	29.752
		0.75	5.513	5.188			1.5	17.026	16.376			2	31.701	30.835
							1	17.350	16.917			1.5	32.026	31.376
8					20		2.5	18.370	17.294	36		4	33.402	31.670
		1.25	7.188	6.647			2	18.701	17.835			3	34.051	32.752
		1	7.350	6.917			1.5	19.026	18.376			2	34.701	33.835
		0.75	7.513	7.188			1	19.350	18.917			1.5	35.026	34.376
10		1.5	9.026	8.376		22	2.5	20.376	19.294		39	4	36.402	34.670
		1.25	9.188	8.647			2	20.701	19.835			3	37.051	35.752
		1	9.350	8.917			1.5	21.026	20.376			2	37.701	36.835
		0.75	9.513	9.188			1	21.350	20.917			1.5	38.026	37.376
12		1.75	10.863	10.106	24		3	22.051	20.752	42		4.5	39.077	37.129
		1.5	11.026	10.376			2	22.701	21.835			(4)	39.402	37.670
		1.25	11.188	10.674			1.5	23.026	22.376			3	40.051	38.752
		1	11.350	10.917			1	23.350	22.917			2	40.701	39.835
												1.5	41.026	40.376
	14	2	12.701	11.835		27	3	25.051	23.752		45	4.5	42.077	40.129
		1.5	13.026	12.376			2	25.701	24.835			(4)	42.402	40.670
		(1.25)	13.188	12.647			1.5	26.026	25.376			3	43.051	41.752
		1	13.350	12.917			1	26.350	25.917			2	43.701	42.835
												1.5	44.026	43.376
16					30		3.5	27.727	26.211	48		5	44.752	42.587
		2	14.701	13.835			(3)	28.051	26.752			(4)	45.402	43.670
		1.5	15.026	14.376			2	28.701	27.835			3	46.051	44.752
		1	15.350	14.917			1.5	29.026	28.376			2	46.701	45.835
							1	29.350	28.917			1.5	47.026	46.376

注：1．直径 $d \leqslant 68$ mm 时，P 项中最大值为粗牙螺距，其余为细牙螺距。

2．优先选用第一系列，其次是第二系列。

3．括号内的尺寸尽可能不用。

表 10-14　粗牙螺栓、螺钉的拧入深度及螺纹孔尺寸　（单位：mm）

	d	d_0	钢和青铜					铸铁					铝				
			h	H	H_1	h'	H_2	h	H	H_1	h'	H_2	h	H	H_1	h'	H_2
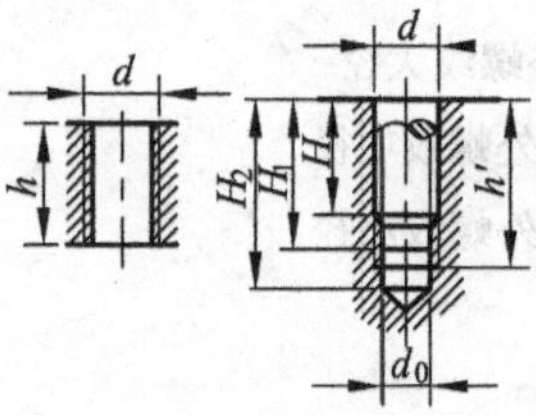	6	5	8	6	8	10	12	12	10	12	14	16	22	19	22	24	28
	8	6.7	10	8	10.5	12	16	15	12	15	16	20	25	22	26	26	34
	10	8.5	12	10	13	16	19	18	15	18	20	24	30	28	34	34	42
	12	10.2	15	12	16	18	24	22	18	22	24	30	38	32	38	38	48
	16	14	20	16	20	24	28	26	22	26	30	34	50	42	48	50	58
	20	17.4	24	20	25	30	36	32	28	34	38	45	60	52	60	62	70
	24	20.9	30	24	30	36	42	42	35	40	48	55	75	65	75	78	90
	30	26.4	36	30	38	44	52	48	42	50	56	65	90	80	90	94	105

注：1. h—内螺纹通孔长度；H—双头螺栓或螺钉拧入深度。
2. 当联接要求不严时，可只注 h'。

表 10-15　紧固件通孔及沉孔尺寸（摘自 GB/T 152.2～152.4-1988，GB/T 5277-1985）　（单位：mm）

螺栓或螺钉直径 d			4	5	6	8	10	12	14	16	18	20	22	24	27	30
	通孔直径 d_1 GB/T 5277-1985	精装配	4.3	5.3	6.4	8.4	10.5	13	15	17	19	21	23	25	28	31
		中等装配	4.5	5.5	6.6	9	11	13.5	15.5	17.5	20	22	24	26	30	33
		粗装配	4.8	5.8	7	10	12	14.5	16.5	18.5	21	24	26	28	32	35
六角头螺栓和六角螺母用沉孔	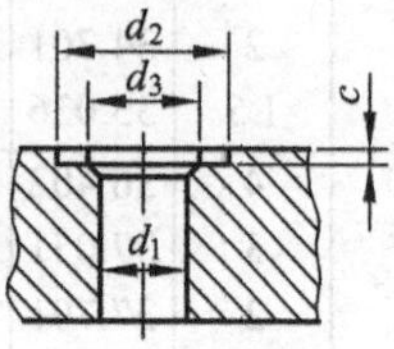 GB/T 152.4-1988	d_2	10	11	13	18	22	26	30	33	36	40	43	48	53	61
		d_3	—	—	—	—	—	16	18	20	22	24	26	28	33	36
		c	制出与孔轴线垂直的平面即可													
沉头用沉孔	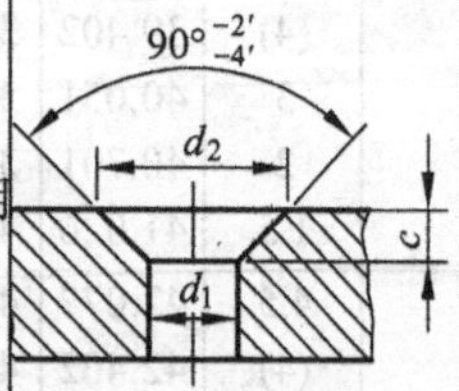 GB/T 152.2-1988	d_2	9.6	10.6	12.8	17.6	20.3	24.4	28.4	32.4	—	40.4	—	—	—	—
		$c\approx$	2.7	2.7	3.3	4.6	5	6	7	8	—	20	—	—	—	—
圆柱头用沉头	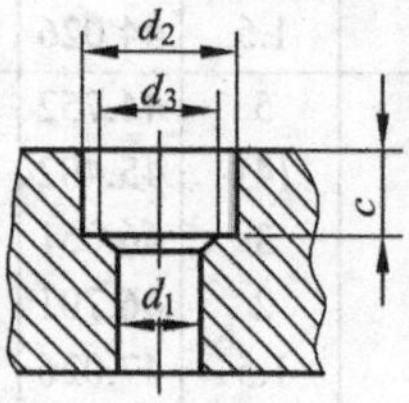 GB/T 152.3-1988	d_2	8	10	11	15	18	20	24	26	—	33	—	40	—	48
		d_3	—	—	—	—	—	16	18	20	—	24	—	28	—	36
		c 用于 GB70	4.6	5.7	6.8	9	11	13	15	17.5	—	21.5	—	25.5	—	32
		c 用于 GB65	3.2	4	4.7	6	7	8	9	10.5	—	12.5	—	—	—	—

注：d_1 尺寸同通孔直径中的中等装配。

表 10-16　六角头螺栓　非全螺纹——A 和 B 级（GB/T 5782-2000）　全螺纹——A 和 B 级（GB/T 5783-2000）　（单位：mm）

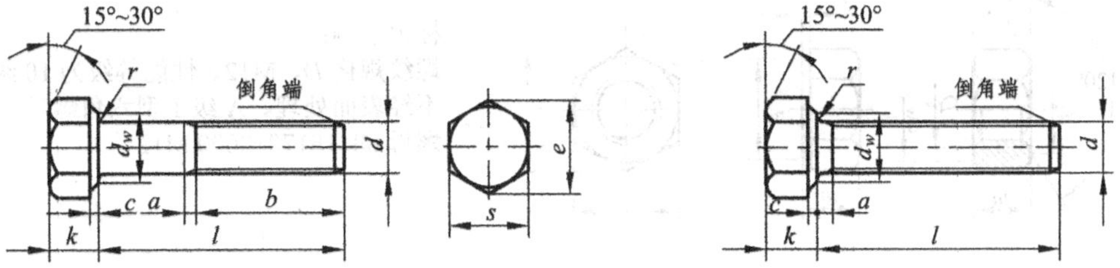

GB/T 5782-2000　　　　GB/T 5783-2000

标记示例：螺纹规格 d＝M12，公称长度 l＝80 mm，性能等级为 8.8 级、表面氧化、A 级六角头螺栓

螺栓 GB/T5782-2000，M12 × 80

螺纹规格 d			M5	M6	M8	M10	M12	(M14)	M16	(M18)	M20	(M22)	M24	(M27)	M30
k 公称			3.5	4	5.3	6.4	7.5	8.8	10	11.5	12.5	14	15	17	18.7
c max			0.5		0.6				0.8						
s max			8	10	13	16	18	21	24	27	30	34	36	41	46
E min	产品等级	A	8.97	11.05	14.38	17.77	20.03	23.35	26.75	30.14	33.53	37.72	39.98	—	—
		B	8.63	10.89	14.20	17.59	19.85	22.78	26.17	29.56	32.95	37.29	39.55	45.20	50.85
d_w min	产品等级	A	6.9	8.9	11.6	14.6	16.6	19.6	22.5	25.3	28.2	31.7	33.6	—	—
		B	6.7	8.7	11.4	14.4	16.4	19.2	22.0	24.8	27.7	31.4	33.2	38	42.7
r min			0.2	0.25	0.4		0.6				0.8			1	
非全螺纹	a			b					$5P$						
	b（参考）	l＜125	16	18	22	26	30	34	38	42	46	50	54	60	66
		125≤l≤200	—	—	28	32	36	40	44	48	52	56	60	66	72
		l＞200	—	—	—	—	—	53	57	61	65	69	73	79	85
	l 范围		25～50	30～60	35～80	40～100	45～120	50～140	55～160	60～180	65～200	70～220	80～240	90～260	90～300
全螺纹	a		2.4	3.0	3.75	4.5	5.25	6		7.5			9		10.5
	l 范围		8～50	12～60	16～80	20～100	25～100	30～140	35～100	35～180	40～100	45～200	40～100	55～200	40～100
l 系列	公称		8，12，16，20～70（5 进位），80～160（10 进位），180～300（20 进位）												

注：1. 括号内为尽量不采用规格，非全螺纹的 l 范围为商品规格。

2. 产品等级：A 级用于 d≤24 或 l≤10d（或 l≤150 mm），B 级用于 d＞24 或 l＞10d(或 l＞150 mm)。

3. 机械性能等级为 8.8 级。

表 10-17　Ⅰ型六角螺母－A 和 B 级（摘自 GB/T 6170－2000）　　（单位：mm）

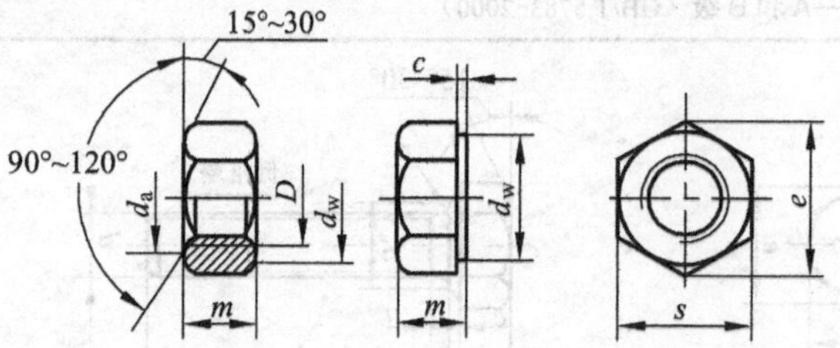

标记示例：
螺纹规格 D、M12、性能等级为 10 级、不经表面处理、A 级Ⅰ型六角螺母
螺母 GB/T6170-2000 M12

螺纹规格 D	M5	M6	M8	M10	M12	(M14)	M16	(M18)	M20	(M22)	M24	M27	M30
m max	4.7	5.2	6.8	8.4	10.8	12.8	14.8	15.8	18	19.4	21.5	23.8	25.6
s max	8	10	13	16	18	21	24	27	30	34	36	41	46
e min	8.79	11.05	14.38	17.77	20.03	23.35	26.75	29.56	32.95	37.29	39.55	45.2	50.85
d_w min	6.9	8.9	11.6	14.6	16.6	19.6	22.5	24.8	27.7	31.4	33.2	38	42.7
c max	0.5	0.5	0.6	0.6	0.6	0.6	0.8	0.8	0.8	0.8	0.8	0.8	0.8
d_a min	5	6	8	10	12	14	16	18	20	22	24	27	30

注：1．括号内的规格尽量不采用。
2．A 级用于 D≤16 mm，B 级用于 D＞16 mm。
3．机械性能等级为 6，8，10 三级。

表 10-18　标准型弹簧垫圈（摘自 GB/T 93-1987）　　（单位：mm）

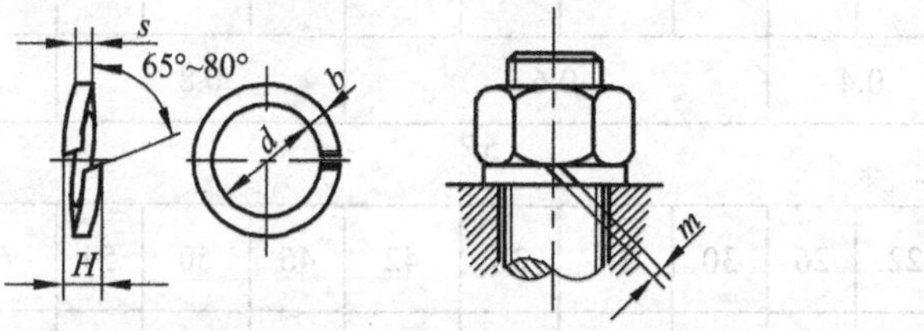

标记示例：
规格 16 mm、材料为 65Mn、表面氧化的标准型弹簧垫圈
垫圈 GB/T93-1987

规格（螺纹大径）		5	6	8	10	12	(14)	16	(18)	20	(22)	24	(27)	30
d min		5.1	6.1	8.1	10.2	12.2	14.2	16.2	18.2	20.2	22.5	24.5	27.5	30.5
s=b 公称		1.3	1.6	2.1	2.6	3.1	3.6	4.1	4.5	5	5.5	6	6.8	7.5
H	min	2.6	3.2	4.2	5.2	6.2	7.2	8.2	9	10	11	12	13.6	15
	max	3.25	4	5.25	6.5	7.75	9	10.25	11.25	12.5	13.75	15	17	18.75
m≤		0.65	0.8	1.05	1.3	1.55	1.8	2.05	2.25	2.5	2.75	3	3.4	3.75

注：1．括号内的尺寸尽可能不采用。
2．材料为 65Mn，60Si2Mn，淬火并回火，硬度为 42～50HRC。

表 10-19　螺钉紧固轴端挡圈（摘自 GB/T 891－1986）
螺栓紧固轴端挡圈（摘自 GB/T 892－1986）　　（单位：mm）

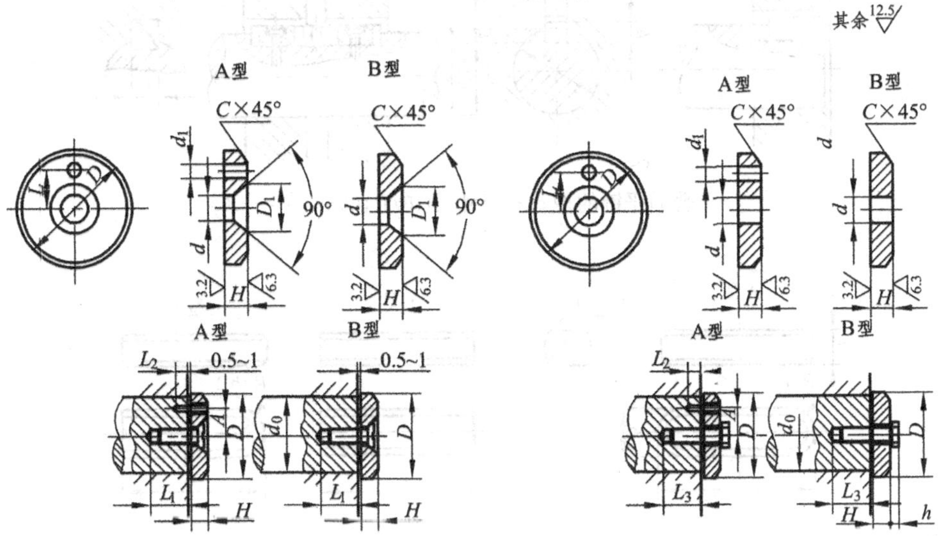

标记示例：

公称直径 D=45 mm，材料为 Q235A，不经表面处理的 A 型螺栓紧固轴端挡圈：

挡圈 GB/T 892-1986 45

按 B 型制造时，应加标记 B：

挡圈 GB/T 892-1986 B45

轴径 d_0<	公称直径 D	H 基本尺寸	H 极限偏差	L 基本尺寸	L 极限偏差	d	d_1	D_1	c	螺栓 GB/T5783-2000（推荐）	螺钉 GB/T819.1-2000（推荐）	圆柱销 GB/T119-2000（推荐）	垫圈 GB/T93-1987（推荐）	安装尺寸 L_1	安装尺寸 L_2	安装尺寸 L_3	安装尺寸 h
20	28	4		7.5	±0.11	5.5	2.1	11	0.5	M5×16	M5×12	A2×10	5	14	6	16	5.1
22	30	4	0 −0.30	7.5		6.6	3.2	13	1	M6×20	M6×16	A3×12	6	18	7	20	6
25	32	5		10													
28	35	5		10													
30	38	5		10													
32	40	5		12	±0.135												
35	45	5		12													
40	50	5		12													
45	55	5		16		9	4.2	17	1.5	M8×25	M8×20	A4×14	8	22	8	24	8
50	60	6		16													
55	65	6		16													
60	70	6		20	±0.165												
65	75	6		20													
70	80	6		20													
75	90	8	0 −0.36	25		13	5.2	25	2	M12×30	M12×25	A5×16	12	26	10	28	11.5
85	100	8		25													

注：1．当挡圈安装在带螺纹孔的轴端时，紧固用螺栓允许加长。

2．GB/T891-1986 的标记同 GB/T892-1986。

表 10-20 普通平键 （单位：mm）

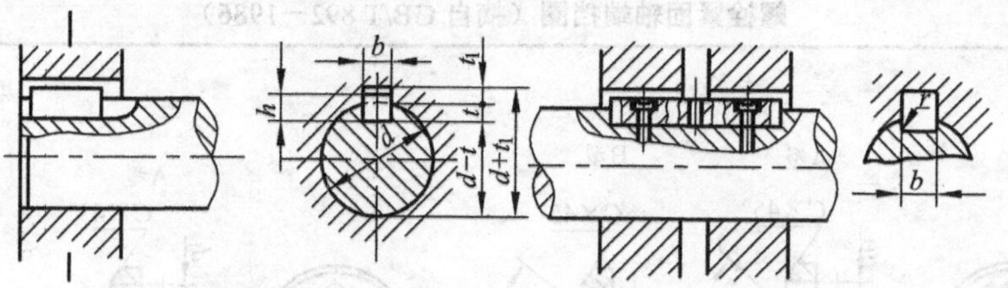

普通平键的型式和尺寸（GB/T 1096-2003）

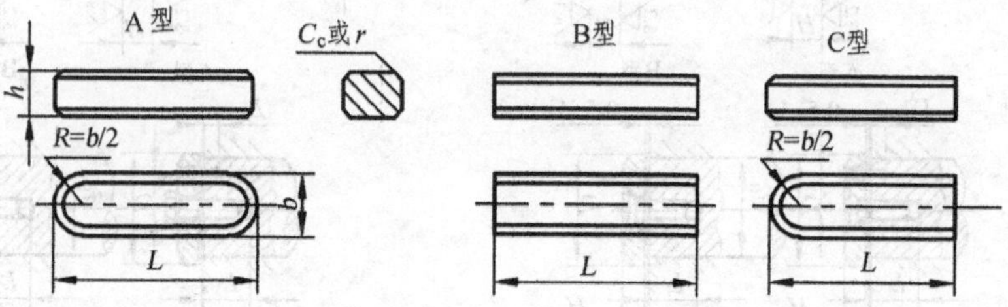

标记示例：

圆头普通平键（A 型）$b = 16$ mm，$h = 10$ mm，$L = 100$ mm：键 16 × 10 × 100GB/T1096-2003

平头普通平键（B 型）$b = 16$ mm，$h = 10$ mm，$L = 100$ mm：键 B16 × 10 × 100GB/T1096-2003

单圆头普通平键（C 型）$b = 16$ mm，$h = 10$ mm，$L = 100$ mm：键 C16 × 10 × 100GB/T1096-2003

轴	键	键槽										
公称直径 d	公称尺寸 $b \times h$	宽度 b 的极限偏差					深度				半径 r	
		较松键联接		一般键联接		较紧键联接	轴 t		毂 t_1			
		轴 H9	毂 D10	轴 N9	毂 Js9	轴和毂 P9	公称尺寸	极限偏差	公称尺寸	极限偏差	最小	最大
＞12～17	5×5						3.0	+0.1 0	2.3	+0.1 0	0.16	0.25
＞17～22	6×6						3.5		2.8			
＞22～30	8×7	+0.036 0	+0.098 +0.040	0 −0.036	±0.018	−0.015 −0.051	4.0	+0.2 0	3.3	+0.2 0		
＞30～38	10×8						5.0		3.3		0.25	0.40
＞38～44	12×8	+0.043 0	+0.120 +0.050	0 −0.043	±0.0215	−0.018 −0.061	5.0		3.3			
＞44～50	14×9						5.5		3.8			
＞50～58	16×10						6.0		4.3			
＞58～65	18×11						7.0		4.4			
＞65～75	20×12	+0.052 0	+0.149 +0.065	0 −0.052	±0.026	−0.022 −0.074	7.5		4.9		0.40	0.60
＞75～85	22×14						9.0		5.4			
＞85～95	25×14						9.0		5.4			
＞95～110	28×16						10.0		6.4			
键的长度系列	14，16，18，20，22，25，28，32，36，40，45，50，56，63，70，80，90，100，110，125，140，160，180，200，220，250，280，320，360											

注：1．在工作图中，轴槽深用 t 或（$d-t$）标注，轮毂槽深用（$d+t_1$）标注。

2．（$d-t$）和（$d+t_1$）两组组合尺寸的极限偏差按相应的 t 和 t_1 极限偏差选取，但（$d-t$）极限偏差值应取负号（−）。

3．键长 L 的公差为 h14，宽 b 的公差为 h9，高 h 的公差为 h11。

表 10-21　圆柱销（GB/T 119—2000）、圆锥销（GB/T 117—2000）　　（单位：mm）

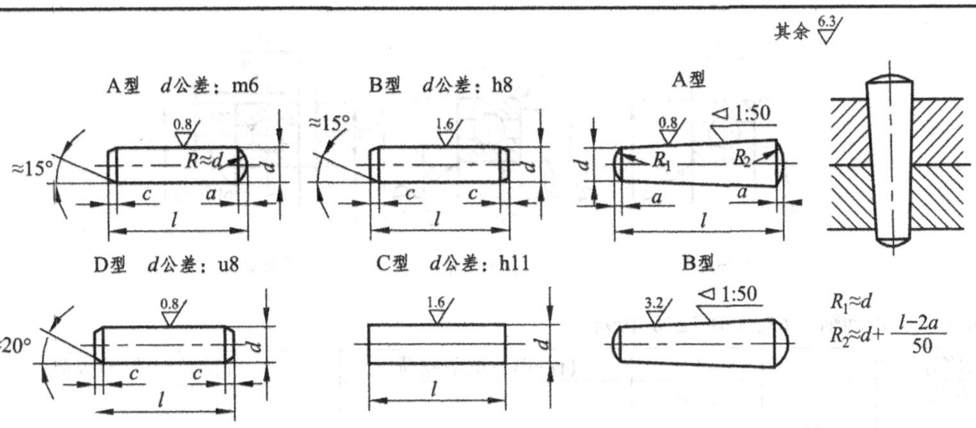

标记示例：

公称直径 d=8 mm，长度 l=30 mm，材料为 35 钢、热处理硬度 28～38HRC，表面氧化处理的 A 型圆柱销：

销 GB/T119-2000A8×30

公称直径 d=10 mm，长度 l=60 mm，材料为 35 钢、热处理硬度 28～38HRC，表面氧化处理的 A 型圆锥销：

销 GB/T117-2000A10×60

d	公称			2	3	4	5	6	8	10	12	16	20	25	30
	圆柱销	A型	min	2.002	3.002	4.004	5.004	6.004	8.006	10.006	12.007	16.007	20.008	25.008	30.008
			max	2.008	3.008	4.012	5.012	6.012	7.015	10.015	12.018	16.018	20.021	25.021	30.021
		B型	min	1.986	2.986	3.982	4.982	5.982	8.978	9.978	11.973	15.973	19.967	24.967	29.967
			max	2	3	4	5	6	8	10	12	16	20	25	30
		C型	min	1.94	2.94	3.925	4.925	5.925	7.91	9.91	11.89	15.89	19.87	24.87	29.87
			max	2	3	4	5	6	8	10	12	16	20	25	30
		D型	min	2.018	3.018	4.023	5.023	6.023	8.028	10.028	12.033	16.033	20.041	25.048	30.048
			max	2.032	3.032	4.041	50.41	6.041	8.050	10.050	12.060	16.06	20.074	25.081	30.081
	圆锥销	min		1.96	2.96	3.95	4.95	5.95	7.94	9.94	11.93	15.93	19.92	24.92	29.92
		max		2	3	4	5	6	8	10	12	16	20	25	30
a≈				0.25	0.40	0.5	0.63	0.80	1.0	1.2	1.6	2.0	2.5	3.0	4.0
c≈				0.35	0.50	0.63	0.80	1.2	1.6	2.0	2.5	3.0	3.5	4.0	5.0
l 商品规格范围	圆柱销			6～20	8～28	8～35	10～50	12～60	14～80	16～95	22～140	26～180	35～200	50～200	60～200
	圆锥销			10～35	12～45	14～55	18～60	22～90	22～120	26～160	32～180	40～200	45～200	50～200	55～200
系列	公称			6，8，10，12，14，16，18，20，22，24，26，28，30，32，35～100（5 进位），120，160，180，200											

注：材料为 35，45；热处理硬度 28～38HRC，38～46HRC。

表 10-22　深沟球轴承（摘自 GB/T 276－1994）

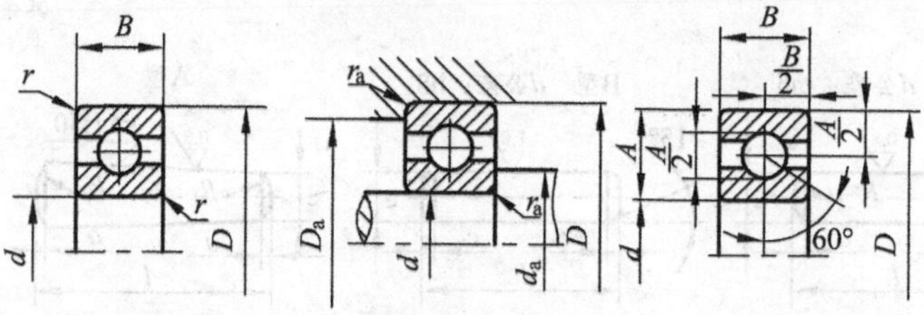

外形尺寸　　安装尺寸　　简化画法

标记示例：滚动轴承 6120GB/T276-1994

A/C_{0r}	e	Y	(径向)当量动载荷	(径向)当量静载荷
0.014	0.19	2.30	当 $A/R \leqslant e$， $P=R$ 当 $A/R > e$， $P=0.56R+YA$ R—径向载荷； A—轴向载荷	当 $A/R \leqslant 0.8$， $P_0=R$ 当 $A/R > 0.8$， $P=0.56R+0.5A$ R—径向载荷； A—轴向载荷
0.028	0.22	1.99		
0.056	0.26	1.71		
0.084	0.28	1.55		
0.11	0.30	1.45		
0.17	0.34	1.31		
0.28	0.38	1.15		
0.42	0.42	1.04		
0.56	0.44	1.00		

轴承型号	外形尺寸/mm					安装尺寸/mm			基本额定载荷/kN		极限转速/（r/min）		质量≈/kg
	d	D	B	r min	r_1 min	d_a min	d_a max	r_a max	C_r(动)	C_{0r}(静)	脂润滑	油润滑	
02系列													
6 204	20	47	14	1		26	41	1	9.88	6.18	14 000	18 000	0.098
6 205	25	52	15	1		31	46	1	10.8	6.95	12 000	16 000	0.121
6 206	30	62	16	1		36	56	1	15.0	10.0	9 500	13 000	0.200
6 207	35	72	17	1.1		42	65	1	19.8	13.5	8 500	11 000	0.288
6 208	40	80	18	1.1		47	73	1	22.8	15.8	8 000	10 000	0.368
6 209	45	85	19	1.1		52	78	1	24.5	17.5	7 000	9 000	0.414
6 210	50	90	20	1.1		57	83	1	27.0	19.8	6 700	8 500	0.463
6 211	55	100	21	1.5		64	91	1.5	33.5	25.0	6 000	7 500	0.603
6 212	60	110	22	1.5	0.5	69	101	1.5	36.8	27.8	5 600	7 000	0.780
6 213	65	120	23	1.5		74	111	1.5	44.0	34.0	5 000	6 300	0.957
6 214	70	125	24	1.5		79	116	1.5	46.8	37.5	4 800	6 000	1.100
6 215	75	130	25	1.5		84	121	1.5	50.8	41.2	4 500	5 600	1.160
6 216	80	140	26	2		90	130	2	55.0	44.8	4 300	5 300	1.450
6 217	85	150	28	2		95	140	2	64.0	53.2	4 000	5 000	1.780
6 218	90	160	30	2		100	150	2	73.8	60.5	3 800	4 800	2.180
6 219	95	170	32	2.1		107	158	2.1	84.8	70.5	3 600	4 500	2.620
6 220	100	180	34	2.1		112	168	2.1	94.0	79.9	3 400	4 300	3.200

续表 10-22

轴承型号	外形尺寸/mm					安装尺寸/mm			基本额定载荷/kN		极限转速/（r/min）		质量≈/kg
	d	D	B	r min	r_1 min	d_a min	d_a max	r_a max	C_r(动)	C_{0r}(静)	脂润滑	油润滑	
03 系列													
6 304	20	52	15	1.1		27	45	1	12.2	7.78	13 000	17 000	0.149
6 305	25	62	17	1.1		32	55	1	17.2	11.2	10 000	14 000	0.231
6 306	30	72	19	1.1		37	65	1	20.8	14.2	9 000	12 000	0.349
6 307	35	80	21	1.5		44	71	1.5	25.8	17.8	8 000	10 000	0.455
6 308	40	90	23	1.5		48	81	1.5	31.2	22.2	7 000	9 000	0.624
6 309	45	100	25	1.5	0.5	54	91	1.5	40.8	29.8	6 300	8 000	0.837
6 310	50	110	27	2		60	100	2	47.5	35.6	6 000	7 500	1.090
6 311	55	120	29	2		65	110	2	55.2	41.8	5 800	6 700	1.355
6 312	60	130	31	2.1		72	118	2.1	62.8	48.5	5 600	6 300	1.170
6 313	65	140	33	2.1		77	128	2.1	72.2	56.5	4 500	5 600	2.100
6 314	70	150	35	2.1		82	138	2.1	80.2	63.2	4 300	5 300	2.550
6 315	75	160	37	2.1		87	148	2.1	87.2	71.5	4 000	5 000	3.050
6 316	80	170	39	2.1		92	158	2.1	94.5	80.0	3 800	4 800	3.620
6 317	85	180	41	3		99	166	2.5	102	89.2	3 600	4 500	4.270
6 318	90	190	43	3		104	176	2.5	112	100	3 400	4 300	4.960
6 319	95	200	45	3		109	186	2.5	122	112	3 200	4 000	5.720
6 320	100	215	47	3		114	201	2.5	132	132	2 800	3 600	7.070

表 10-23　**滚动轴承与轴和座孔的配合**（摘自 GB/T 275-1993）

轴承类型 载荷性质	深沟球轴承 角接触球轴承	圆锥滚子轴承	配合代号	
P/C	轴承公称内径/mm		轴	座　孔
≤0.07	20～100 ＞100～200	≤40 ＞40～140	js6，j6 k6	H7
＞0.07～0.15	20～100 ＞100～140 ＞140～200	≤40 ＞40～100 ＞100～140	k5，k6 m5，m6 m6	
＞0.15		＞50～140	n6	

注：P 为当量动载荷，C 为基本额定动载荷。

表 10-24　LT 型弹性套柱销联轴器（摘自 GB/T 4323－2002）

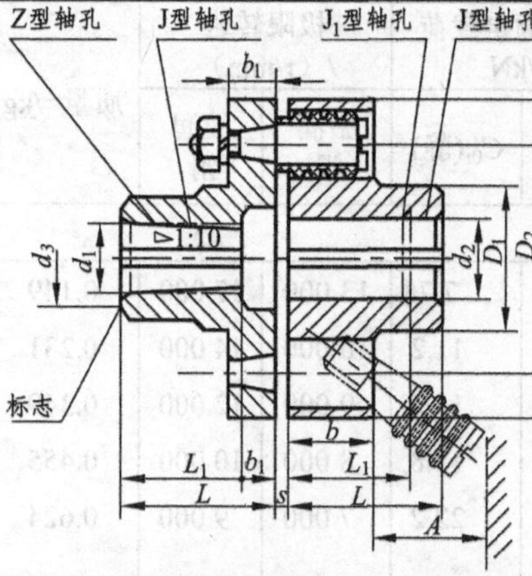

标记示例：

例 1：TL6 联轴器 40×112GB/T4323–2002

主动端 d_1=40 mm，Y 型轴孔 L=112 mm

A 型键槽

从动端 d_2=40 mm，Y 型轴孔 L=112 mm

A 型键槽

例 2：TL3 联轴器 $\dfrac{\text{ZC}16\times30}{\text{JB}18\times30}$ GB/T4323-2002

主动端 d_z=16 mm，Z 型轴孔 L_1=30 mm

C 型键槽

从动端 d_2=18 mm，J 型轴孔 L_1=30 mm

B 型键槽

型号	公称转距 T_n/N·m	许用转速 [n]/(r/min) 钢	许用转速 [n]/(r/min) 铁	轴孔直径 d_1, d_2, d_z 钢	轴孔直径 d_1, d_2, d_z 铁	轴孔长度 Y L_1	轴孔长度 J，J_1，Z L	轴孔长度 J，J_1，Z L_1	D	D_1	D_2	b	b_1	s	A	转动惯量/kg·m²	质量/kg
				mm													
TL1	6.3	6 600	8 800	9	9	20	—	—	71	22	45	16	10	3	18	0.000 4	0.7
				10　11	10　11	25	22	25									
				12	12　14	32	27	32									
TL2	16	5 500	7 600	12　14	12　14				80	30	53					0.001	1.0
				16 —	16　18 19	42	30	42									
				—　—	20	52	38	52									
TL3	31.5	4 700	6 300	16　18 19	16　18 19	42	30	42	95	35	63	23	15	4	35	0.002	2.2
				20	20　22	52	38	52									
TL4	63	4 200	5 700	20　22 24	20　22 24				106	42	76					0.004	3.2
				—　—	25　28	62	44	62									
TL5	125	3 600	4 600	25　28	25　28				130	56	90					0.011	5.5
				30　32 —　—	30　32 35	82	60	82									
TL6	250	3 300	3 800	32　35 38	32　35 38				160	71	112	38	17	5	45	0.026	9.6
				40	40　42	112	84	112									
TL7	500	2 800	3 600	40　42 45	40　42 45　48	112	84	112	190	80						0.06	15.7
TL8	710	2 400	3 000	45　48 50　55 —　—	45　48 50　55 56	112	84	112	224	95						0.13	24
				—　—	60　63	142	107	142									
TL9	1 000	2 100	2 850	50　55	50　55	112	84	112	250	110		48	19	6	65	0.20	31
				56	56												
				60　63 —　— —　—	60　63 65　70 71	142	107	142									
TL10	2 000	1 700	2 300	63　65 70　71 75	63　65 70　71 75				315	150		58	22	8	80	0.64	60.2
				80　85 —　—	80　85 90　95	172	132	172									

注：尺寸 D_2 原标准中没有，表中值为参考尺寸。

表 10-25　圆柱齿轮的结构

<table>
<tr><th>名称</th><th>结构形式</th><th>结构尺寸</th></tr>
<tr><td>实心式</td><td>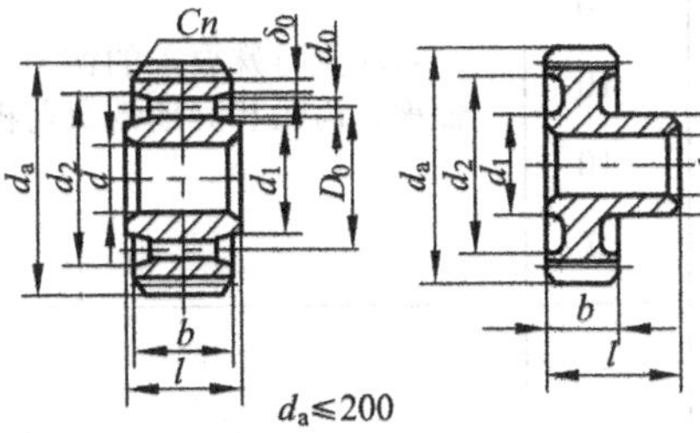

$d_a \leqslant 200$</td><td>$d_1 = kd$，k 值见下表
$(1.2\sim1.5)d \geqslant l \geqslant b$
$\delta_0=2.5m_t$，但不小于 8 mm
$D_0=0.5(d_1+d_2)$
当 $d_0<10$ mm 时不钻孔
$n=0.5m_t$
<table><tr><td>d mm</td><td><20</td><td>20～32</td><td>>32～50</td><td>>50～80</td><td>>80～120</td><td>>120～200</td></tr><tr><td>k</td><td>2.0</td><td>1.9</td><td>1.8</td><td>1.7</td><td>1.6</td><td>1.5</td></tr></table></td></tr>
<tr><td rowspan="2">腹板式</td><td>锻造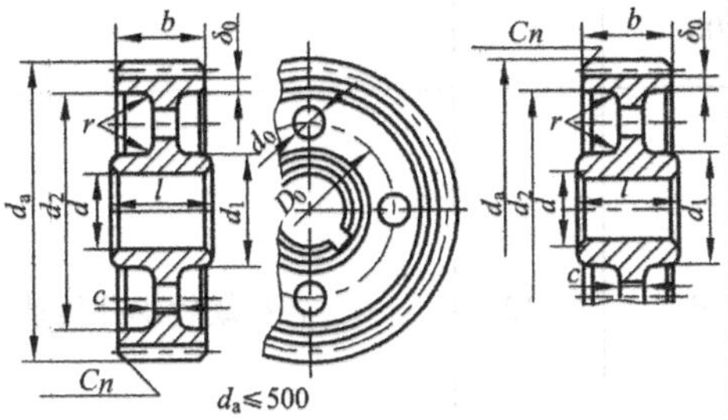

$d_a \leqslant 500$</td><td>$d_1=1.6d$
$1.5d>l \geqslant b$
$\delta_0=(3\sim4)m_t$，但不小于 8 mm
$D_0 = 0.5(d_1+d_2)$
$d_0 = 15\sim25$mm
$c = 0.2b$(模锻)、$c = 0.3b$(自由锻)，但不小于 8 mm
$n=0.5m_t$
$r \approx 0.5c$</td></tr>
<tr><td>铸造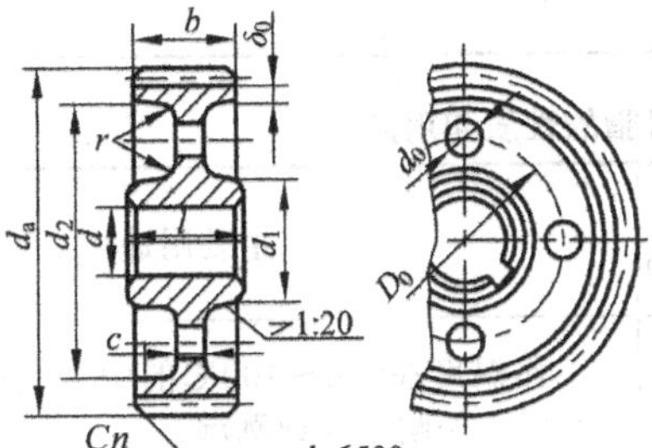

$d_a<500$</td><td>$d_1= 1.6d$（铸钢）、$d_1= 1.8d$（铸铁）
$1.5d>l \geqslant b$
$\delta_0=(3\sim4)m_t$，但不小于 8 mm
$D_0 = 0.5(d_1+d_2)$
$d_0 = (0.25\sim0.35)(d_2-d_1)$　mm
$c = 0.2b$，但不小于 10 mm
$n=0.5m_t$
$r \approx 0.5c$</td></tr>
<tr><td>轮辐式</td><td>铸造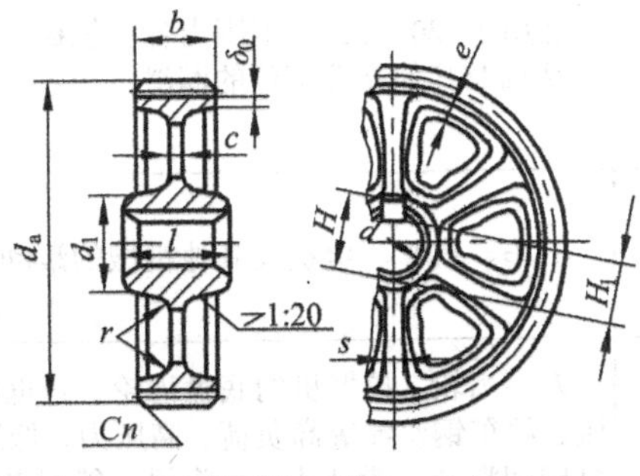

$d_a>400, b<240$</td><td>$d_1= 1.6d$（铸钢）、$d_1= 1.8d$（铸铁）
$1.5d>l \geqslant b$
$\delta_0=(3\sim4)m_t$，但不小于 8 mm
$H= 0.8d$（铸钢）、$H= 0.9d$（铸铁）
$H_1= 0.8H$
$c=(1\sim1.3)\delta_0$、$s=0.8c$
$e=(1\sim1.2)\delta_0$
$n=0.5m_t$
$r \approx 0.5c$</td></tr>
</table>

表 10-26　常用润滑油的性质和用途

油的种类	代号	运动黏度/（mm^2/s）40℃	运动黏度/（mm^2/s）50℃	闪点（开口）/℃不低于	凝点/℃不高于	主要用途
全损耗系统用油 GB/T 443-1989	32	28.8～35.2	17～23	170	-15	对油无特殊要求的锭子、轴承、齿轮和其他低负荷机械
	46	41.4～50.6	27～33	180	-10	
	68	61.2～74.8	37～43	190	-10	
	100	90.0～110	57～63	210	-10	
	150	135～165	87～93	220	0	
中负荷工业齿轮油 GB/T 5903-1995	68	61.2～74.8		170	-8	用于齿面应力为500～1000 N/mm^2的低负荷及中负荷齿轮传动，如化工、冶金、矿山等机械的齿轮传动
	100	90.0～110		170		
	150	135～165		170		
	220	198～242		200		
	320	288～352		200		
	460	414～506		200		
蜗轮蜗杆油 SH 0094-1991	220	198～242		200	-12	各种蜗轮蜗杆传动
	320	288～352				
	460	414～506				
	680	612～748				
	1000	900～1100				

表 10-27　常用润滑脂的性质和用途

脂的种类	代号	滴点/℃不低于	工作锥入度（25℃ 150g）/（1/10 mm）	主要用途
钠基润滑脂 GB/T 492-1989	2	160	265～295	工作温度在-10～100℃的中等负荷机械设备轴承润滑；不耐水（或潮湿）
	3	160	220～250	
通用锂基润滑脂 GB 7324-1994	ZL-1	170	310～340	适用于-20～120℃范围内各种机械的滚动轴承、滑动轴及其他摩擦部位的润滑
	ZL-2	175	265～295	
	ZL-3	180	220～250	
滚珠轴承脂 SH/T 0386-1992	ZGN69-2	120	250～290 -40℃时为30	机车、汽车、电机及其他机械的滚动轴承润滑
石墨钙基润滑脂 SH/T 0369-1992	ZG-S	80		人字齿轮、挖掘机的底盘齿轮、起重机、矿山机械、绞车钢丝绳等高负荷、高压力、低速度的粗糙机械润滑及一般开式齿轮润滑；能耐潮湿

表 10-28　毡圈油封形式和尺寸（摘自 FZ/T 92010—1991）　（单位：mm）

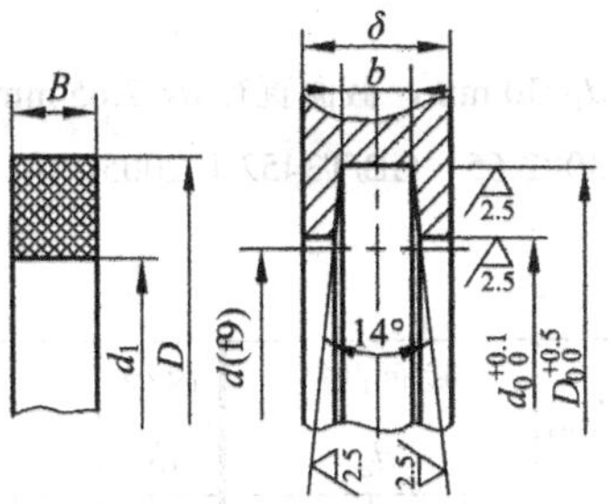

标记示例：
d = 50 mm 的毡圈油封：
毡圈　50Fz/T 92010-1991

轴径 d	毡圈				槽				
	D	d_1	B	质量/kg	D_0	d_0	b	δ_{min} 用于钢	δ_{min} 用于铸铁
15	29	14	6	0.001 0	28	16	5	10	12
20	33	19		0.001 2	32	21			
25	39	24	7	0.001 8	38	26	6	12	15
30	45	29		0.002 3	44	31			
35	49	34		0.002 3	48	36			
40	53	39		0.002 6	52	41			
45	61	44	8	0.004 0	60	46	7		
50	69	49		0.005 4	68	51			
55	74	53		0.006 0	72	56			
60	80	58		0.006 9	78	61			
65	84	63		0.007 0	82	66			
70	90	68		0.007 9	82	66			
75	94	73		0.008 0	92	77			
80	102	78	9	0.011	100	82	8	15	18

注：毡圈油封适用于密封处线速度＜3～5m/s 的脂润滑场合，轴颈表面粗糙度不大于 1.6。

表 10-29　O 形橡胶密封圈（摘自 GB/T 3452.1－2005）　　（单位：mm）

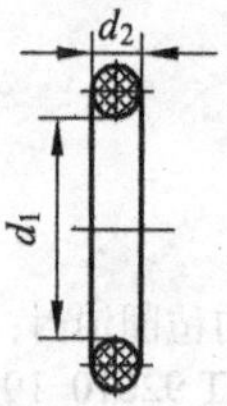

标记示例：

O 形圈内径 d_1=30 mm，截面直径 d_2=2.65 mm

O 形密封圈 30×2.65　GB/T3452.1-2005

<table>
<tr><th>内径 d_1</th><th colspan="4">截面直径 d_2</th></tr>
<tr><td>20</td><td rowspan="15">1.8</td><td rowspan="15">2.65</td><td rowspan="15">3.55</td><td rowspan="15">—</td></tr>
<tr><td>21.2</td></tr>
<tr><td>22.4</td></tr>
<tr><td>23.6</td></tr>
<tr><td>25</td></tr>
<tr><td>25.8</td></tr>
<tr><td>26.5</td></tr>
<tr><td>28</td></tr>
<tr><td>30</td></tr>
<tr><td>31.5</td></tr>
<tr><td>32.5</td></tr>
<tr><td>33.5</td></tr>
<tr><td>34.5</td></tr>
<tr><td>35.5</td></tr>
<tr><td>36.5</td></tr>
<tr><td>37.5</td><td rowspan="12">1.8</td><td rowspan="15">2.65</td><td rowspan="15">3.55</td><td rowspan="2"></td></tr>
<tr><td>38.5</td></tr>
<tr><td>40</td><td rowspan="13">5.3</td></tr>
<tr><td>41.2</td></tr>
<tr><td>42.5</td></tr>
<tr><td>43.7</td></tr>
<tr><td>45</td></tr>
<tr><td>46.2</td></tr>
<tr><td>47.5</td></tr>
<tr><td>48.5</td></tr>
<tr><td>50</td></tr>
<tr><td>51.5</td></tr>
<tr><td>53</td><td rowspan="3">—</td></tr>
<tr><td>54.5</td></tr>
<tr><td>56</td></tr>
<tr><td>58</td><td rowspan="15">—</td><td rowspan="10">2.65</td><td rowspan="15">3.55</td><td rowspan="15">5.3</td></tr>
<tr><td>60</td></tr>
<tr><td>61.5</td></tr>
<tr><td>63</td></tr>
<tr><td>65</td></tr>
<tr><td>67</td></tr>
<tr><td>69</td></tr>
<tr><td>71</td></tr>
<tr><td>73</td></tr>
<tr><td>75</td></tr>
<tr><td>77.5</td><td></td></tr>
<tr><td>80</td><td>2.65</td></tr>
<tr><td>82.5</td><td>—</td></tr>
<tr><td>85</td><td>2.65</td></tr>
<tr><td>87.5</td><td>—</td></tr>
<tr><td>90</td><td rowspan="1">2.65</td></tr>
<tr><td>92.5</td><td rowspan="15">—</td><td>—</td><td rowspan="15">3.55</td><td rowspan="15">5.3</td></tr>
<tr><td>95</td><td>2.65</td></tr>
<tr><td>97.5</td><td>—</td></tr>
<tr><td>100</td><td>2.65</td></tr>
<tr><td>103</td><td>—</td></tr>
<tr><td>106</td><td>2.65</td></tr>
<tr><td>109</td><td>—</td></tr>
<tr><td>112</td><td>2.65</td></tr>
<tr><td>115</td><td>—</td></tr>
<tr><td>118</td><td>2.65</td></tr>
<tr><td>122</td><td>—</td></tr>
<tr><td>125</td><td>2.65</td></tr>
<tr><td>128</td><td>—</td></tr>
<tr><td>132</td><td>2.65</td></tr>
<tr><td>136</td><td>—</td></tr>
<tr><td>140</td><td>2.65</td></tr>
</table>

表 10-30　O 形密封圈沟槽尺寸　　（单位：mm）

O 形密封圈尺寸		沟槽尺寸				
内径 d_1	截面直径 d_2	$b^{+0.25}$	$h^{+0.1}$	$r_1 \leqslant$	r_2	图例
见表10-29	1.8±0.08	2.6	1.28	0.5	0.1～0.3	
	2.65±0.09	3.8	1.97	0.5	0.1～0.3	
	3.55±0.10	5.0	2.75	1.0	0.2～0.4	
	5.3±0.13	7.3	4.24	1.0	0.2～0.4	

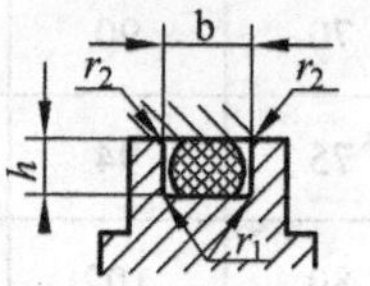

表 10-31　油沟式密封槽　（单位：mm）

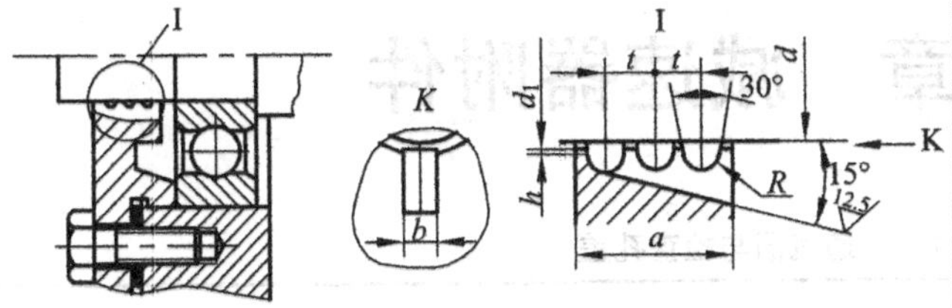

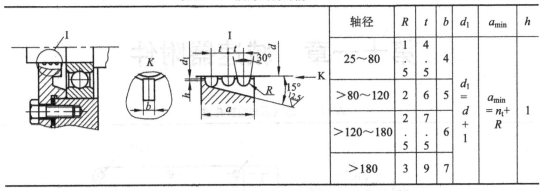

轴径	R	t	b	d_1	a_{min}	h
25～80	1.5	4.5	4	$d_1 = d + 1$	$a_{min} = n_t + R$	1
＞80～120	2	6	5			
＞120～180	2.5	7.5	6			
＞180	3	9	7			

注：1．表中 R，t，b 尺寸，在个别情况下，可用于表中不相对应的轴径上。
　　2．一般槽数 n=2～4 个，使用 3 个的较多。

第十一章　减速器附件

表 11-1　通气器与检查孔盖

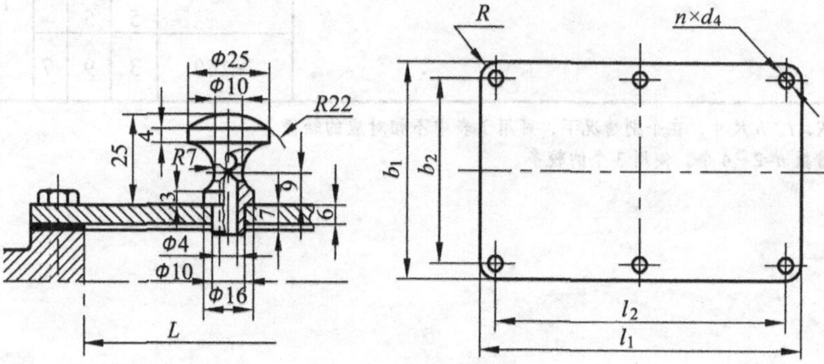

减速器中心距 a	检查孔尺寸		检查孔盖尺寸						
	b	L	b_1	l_1	b_2	l_2	R	孔径 d_4	孔数 n
100～150	50～60	90～110	80～90	120～140	1/2（$b+b_1$）	1/2（$L+l_1$）	5	6.5	4
150～250	60～75	110～130	90～105	140～160					
250～400	75～110	130～180	105～140	160～210				9	6

注：1．检查孔盖用钢板制作时，厚度取 6 mm，材料 Q235。

2．检查孔长 L 和宽 b 可根据结构自行在本表所提供的尺寸范围内选取，宽 b 在图中省略未标。

表 11-2　通 气 器

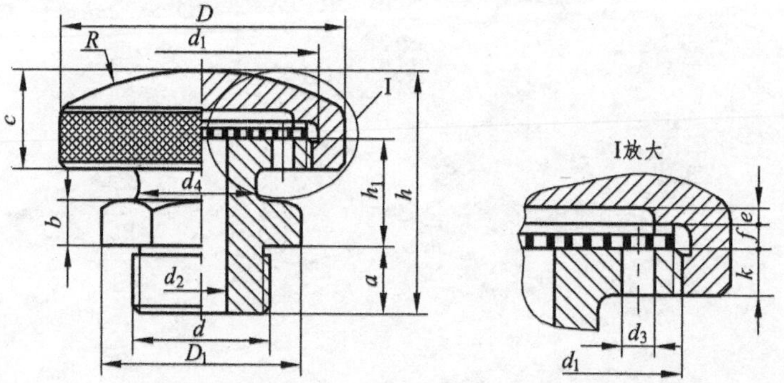

d	d_1	d_2	d_3	d_4	D	h	a	b	c	h_1	R	D_1	k	e	f
M15×1.5	M33×1.5	8	3	16	40	40	12	7	16	18	40	25.4	6	2	2
M27×1.5	M48×1.5	12	4.5	24	60	54	15	10	22	24	60	36.9	7	2	2
M36×1.5	M64×1.5	16	6	30	80	70	20	13	28	32	80	53.1	10	3	3

表 11-3 通 气 塞

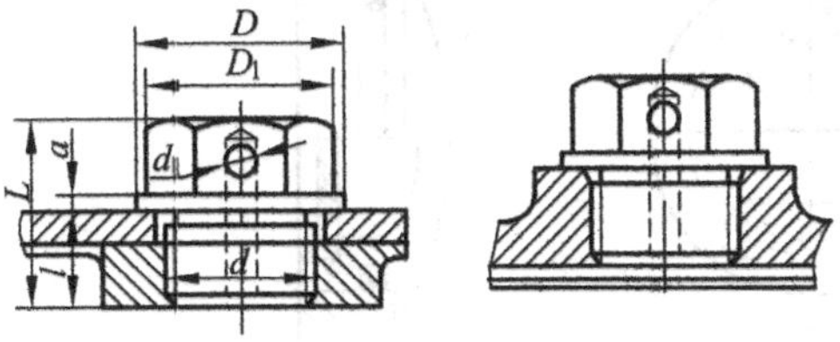

d	D	D_1	S	L	l	a	d_1
M12×1.25	18	16.5	14	19	10	2	4
M16×1.5	22	19.6	17	23	12	2	5
M20×1.5	30	25.4	22	28	15	4	6
M22×1.5	32	25.4	22	29	15	4	7
M27×1.5	38	31.2	27	34	18	4	8
M30×2	42	36.9	32	36	18	4	8

注：材料 Q235。

表 11-4 油标尺

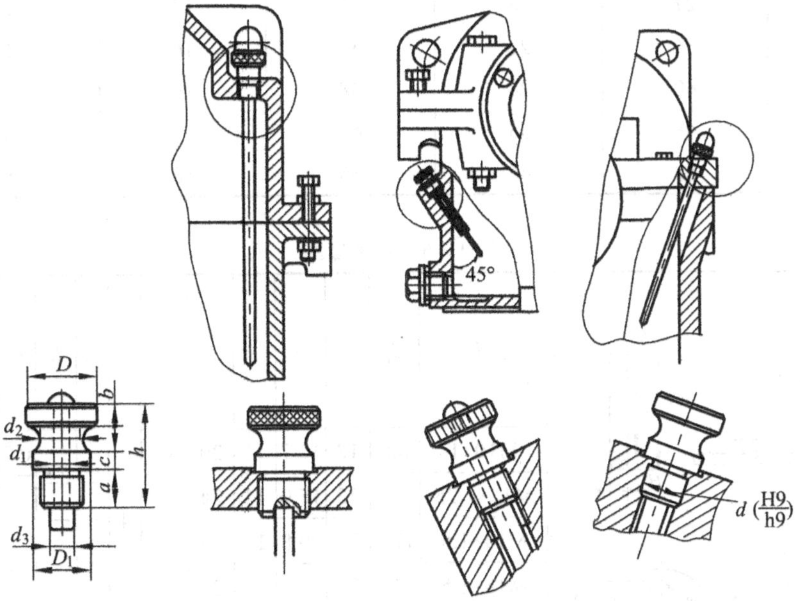

$d\left(d\frac{H9}{h9}\right)$	d_1	d_2	d_3	h	a	b	c	D	D_1
M12(12)	4	12	6	28	10	6	4	20	16
M16(16)	4	16	6	35	12	8	5	26	22
M20(20)	6	20	8	42	15	10	6	32	26

表 11-5　压配式圆形油标（摘自 JB/T 7941.1－1995）　　　　（单位：mm）

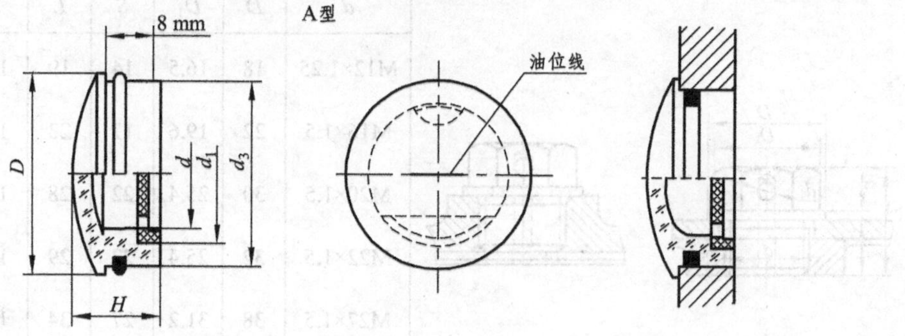

标记示例：

视孔 d=32 mm，A 型压配式圆形油标

油标　A32　JB/T 7941.1-1995

视孔 d	D	d_1	d_3	H	A 型密封圈规格（GB 3452.3-1982）
12	22	12	20	14	15×2.65
16	27	18	25	14	20×2.65
20	34	22	32	16	25×3.55
25	40	28	38	16	31.5×3.55
32	48	35	45	18	38.7×3.55
40	58	45	55	18	48.7×3.55

表 11-6　六角螺塞

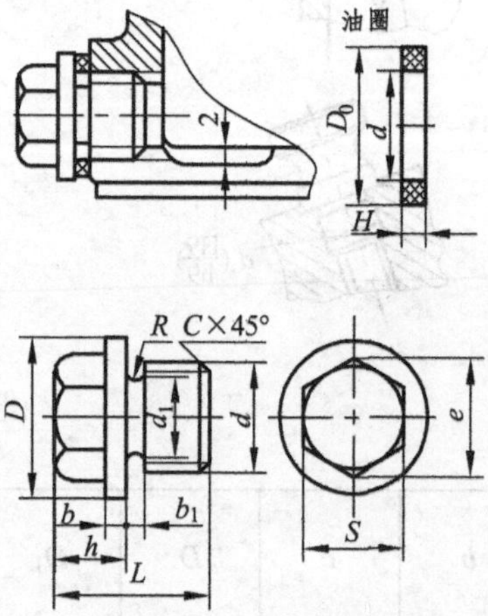

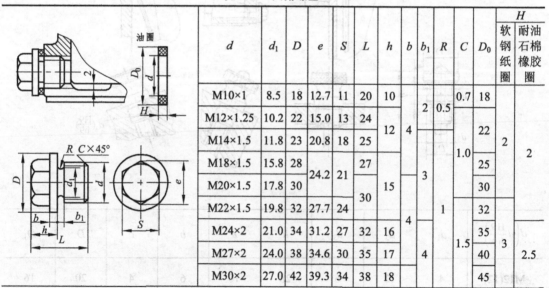

<table>
<tr><th rowspan="2">d</th><th rowspan="2">d₁</th><th rowspan="2">D</th><th rowspan="2">e</th><th rowspan="2">S</th><th rowspan="2">L</th><th rowspan="2">h</th><th rowspan="2">b</th><th rowspan="2">b₁</th><th rowspan="2">R</th><th rowspan="2">C</th><th rowspan="2">D₀</th><th colspan="2">H</th></tr>
<tr><th>软钢纸圈</th><th>耐油石棉橡胶圈</th></tr>
<tr><td>M10×1</td><td>8.5</td><td>18</td><td>12.7</td><td>11</td><td>20</td><td>10</td><td rowspan="4">4</td><td rowspan="2">2</td><td rowspan="2">0.5</td><td>0.7</td><td>18</td><td rowspan="5">2</td><td rowspan="6">2</td></tr>
<tr><td>M12×1.25</td><td>10.2</td><td>22</td><td>15.0</td><td>13</td><td>24</td><td rowspan="2">12</td><td rowspan="4">1.0</td><td rowspan="2">22</td></tr>
<tr><td>M14×1.5</td><td>11.8</td><td>23</td><td>20.8</td><td>18</td><td>25</td><td rowspan="4">3</td><td rowspan="7">1</td></tr>
<tr><td>M18×1.5</td><td>15.8</td><td>28</td><td rowspan="2">24.2</td><td rowspan="2">21</td><td>27</td><td rowspan="3">15</td><td>25</td></tr>
<tr><td>M20×1.5</td><td>17.8</td><td>30</td><td rowspan="2">30</td><td rowspan="4">4</td><td>30</td></tr>
<tr><td>M22×1.5</td><td>19.8</td><td>32</td><td>27.7</td><td>24</td><td rowspan="3">1.5</td><td>32</td><td rowspan="3">3</td></tr>
<tr><td>M24×2</td><td>21.0</td><td>34</td><td>31.2</td><td>27</td><td>32</td><td>16</td><td rowspan="3">4</td><td>35</td><td rowspan="3">2.5</td></tr>
<tr><td>M27×2</td><td>24.0</td><td>38</td><td>34.6</td><td>30</td><td>35</td><td>17</td><td>40</td></tr>
<tr><td>M30×2</td><td>27.0</td><td>42</td><td>39.3</td><td>34</td><td>38</td><td>18</td><td></td><td>45</td></tr>
</table>

标记示例　螺塞　M20×1.5　JB/ZQ4450-1986

油圈　30×20　QB365-81（D_0=30 mm，d=20 mm 的软钢纸板油圈）

油圈　30×20　GB539-83（D_0=30 mm，d=20 mm 的皮封油圈）

表 11-7　凸缘式轴承端盖的结构尺寸

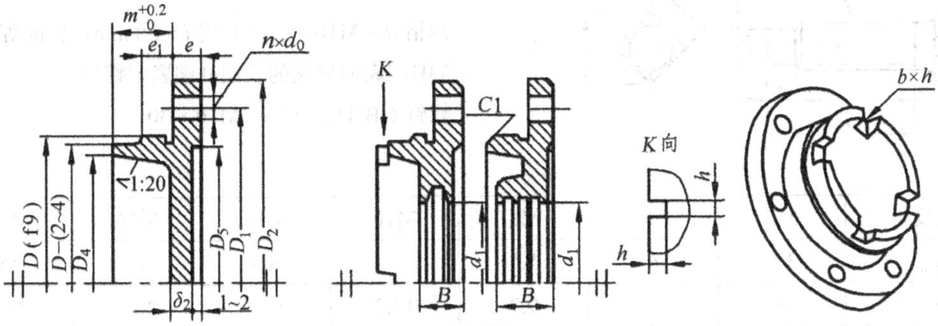

符　号	尺寸关系				符　号	尺寸关系
D（轴承外径）	30～60	62～100	110～130	140～280	D_5	$D_1-(2.5\sim3)\,d_3$
d_3（螺钉直径）	6～8	8～10	10～12	12～16	e	$1.2d_3$
n（螺钉数）	4	4	6	6	e_1	（0.1～0.15）D ($e_1\geqslant e$)
d_0	$d_3+(1\sim2)$				m	由结构确定
D_1	无套杯时：$D_1=D+2.5d_3$				δ_2	8～10
	有套杯时：$D_1=D+2.5d_3+2\delta_2$				b	8～10
	套杯厚度：$s_2=7\sim12$				h	（0.8～1）b
D_2	D_1+（2.5～3）d_3				端盖密封槽的结构尺寸	由密封方式及其装置决定
D_4	（0.85～0.9）D					

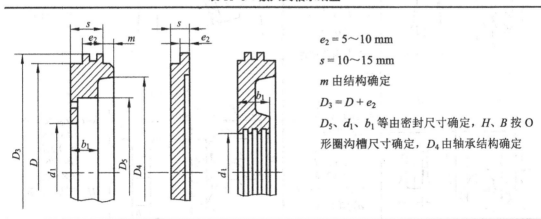

表 11-8　嵌入式轴承端盖

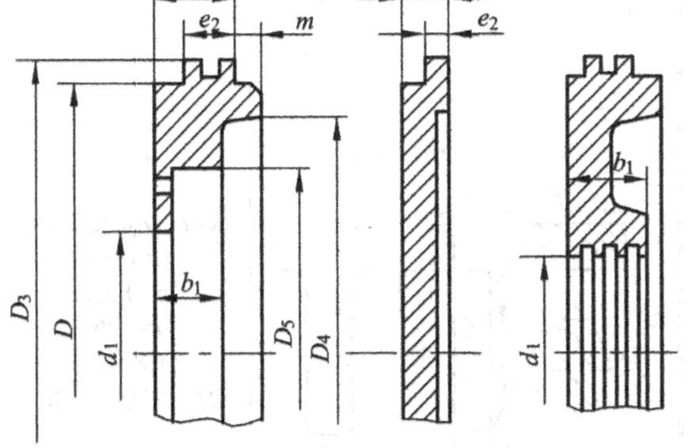

$e_2=5\sim10$ mm

$s=10\sim15$ mm

m 由结构确定

$D_3=D+e_2$

D_5、d_1、b_1 等由密封尺寸确定，H、B 按 O 形圈沟槽尺寸确定，D_4 由轴承结构确定

注：材料 HT150。

表 11-9　启箱螺钉（摘自 GB/T 85－1988）

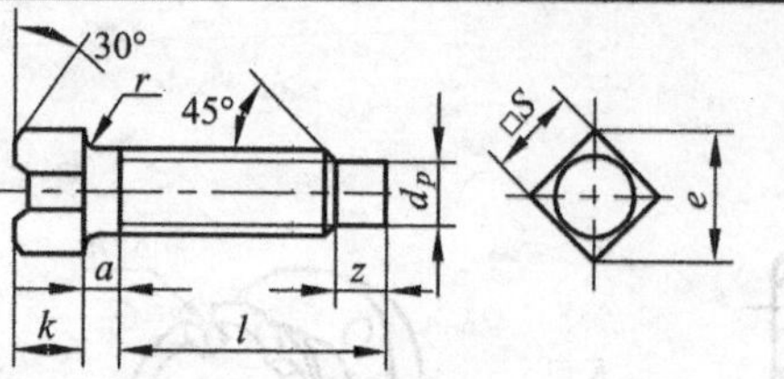

标记示例：

规格 d = M10，公称长度 l = 30 mm，性能等级 33H，表面氧化的长圆柱端紧定螺钉

螺钉 GB/T85-1988　M10 × 30

螺纹规格 d	M5	M6	M8	M10	M12	M16	M20
$d_{p\,\max}$	3.5	4	5.5	7	8.5	12	15
$l_{\min}$	6	7.3	9.7	12.2	14.7	20.9	27.1
k 公称	5	6	7	8	10	14	18
$r_{\min}$	0.2	0.25	0.4	0.4	0.6	0.6	0.8
S 公称	5	6	8	10	12	17	22
$z_{\min}$	2.5	3	4	5	6	8	10
l 范围	12～30	12～30	14～40	20～50	25～60	25～80	40～100
l 系列（公称）	8，10，12，(14)，16，20，25～55(5 进位)，60～100（10 进位）						
技术条件	材料	机械性能等级		螺纹公差		产品等级	
	钢	33H		6g		A	
		45H		5g，6g			

注：本标准为方头长圆柱端紧定螺钉，可作为启箱螺钉使用。

表 11-10　吊钩和吊耳

名称及图形	结构尺寸	名称及图形	结构尺寸
吊耳（铸在箱盖上）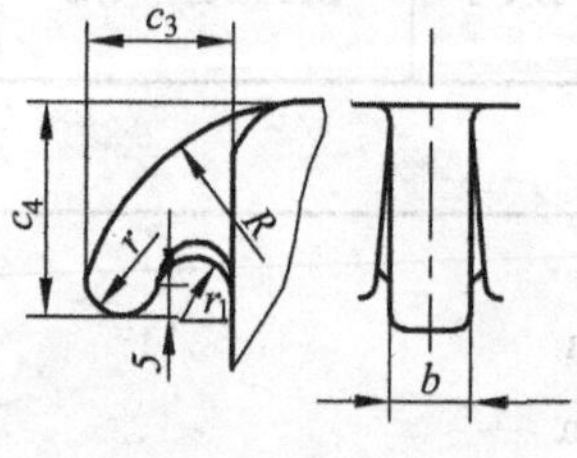	$c_3=(4\sim5)\delta_1$ $c_4=(1.3\sim1.5)c_3$ $b=(1.8\sim2.5)\delta_1$ $R=c_4$ $r_1\approx0.2c_3$ $r=0.25c_3$ δ_1 为箱盖壁厚	吊耳环（铸在箱盖上）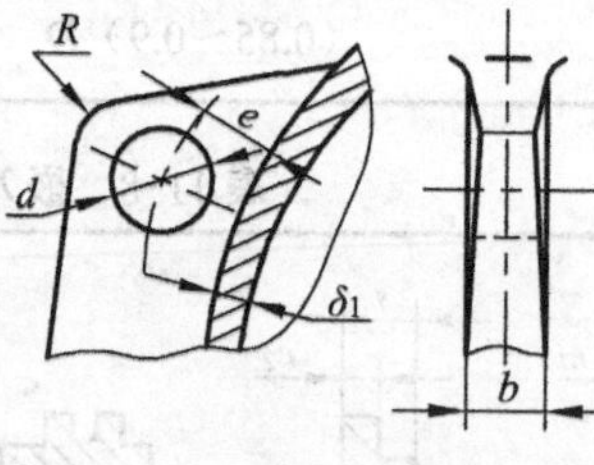	$d=b\approx(1.8\sim2.5)\delta_1$ $R\approx(1\sim1.2)d$ $e\approx(0.8\sim1)d$
吊钩(铸在箱座上)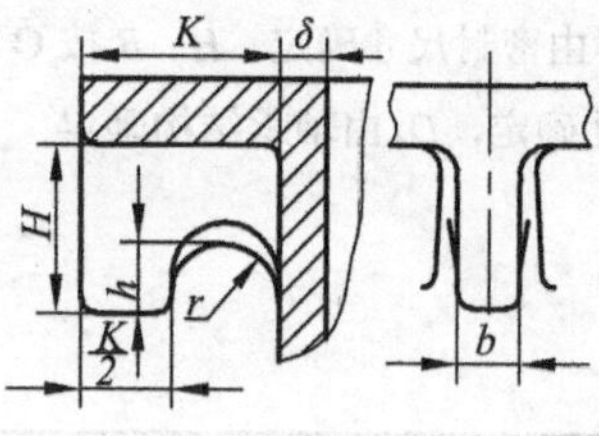	$K=c_1+c_2$(表 5-4)(K 为箱座接合面凸缘宽度) $H\approx0.8K$ $h\approx0.5H$ $r\approx0.25K$ $b\approx(1.8\sim2.5)\delta$ δ为箱座壁厚	吊钩(铸在箱座上)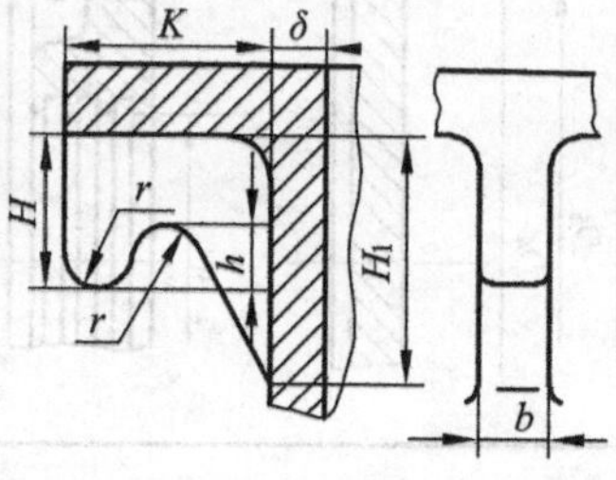	$K=c_1+c_2$(表 5-4) $H\approx0.8K$ $h\approx0.5H$ $r=K/6$ $b\approx(1.8\sim2.5)\delta$ H_1 按结构确定

表 11-11　吊环螺钉（摘自 GB/T 825—1988）　　（单位：mm）

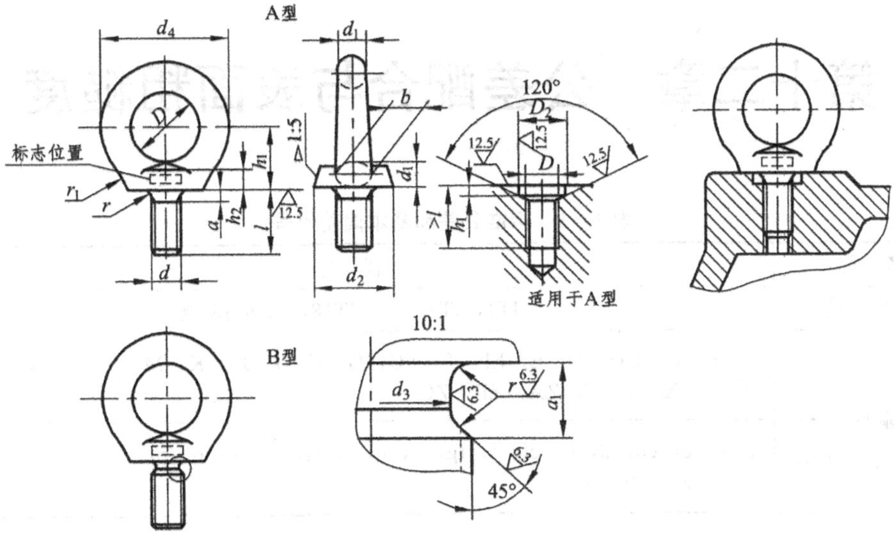

A 型无螺纹部分杆径≈螺纹中径或≈螺纹大径

标记示例：规格为 20 mm，材料为 20 钢，经正火处理，不经表面处理的 A 型吊环螺钉：

螺钉　GB/T 825-1988　M20

螺纹规格 d			M8	M10	M12	M16	M20	M24	M30
d_1 max			9.1	11.1	13.1	15.2	17.4	21.4	25.7
D_1 公称			20	24	28	34	40	48	56
d_2 max			21.1	25.1	29.1	35.2	41.4	49.4	57.7
h_1 max			7	9	11	13	15.1	19.1	23.2
h			18	22	26	31	36	44	53
d_4 参考			36	44	52	62	72	88	104
r_1			4	4	6	6	8	12	15
r min			1					2	
l 公称			16	20	22	28	35	40	45
a_1 max			3.75	4.5	5.25	6	7.5	9	10.5
a max			2.5	3	3.5	4	5	6	7
b max			10	12	14	16	19	24	28
d_3 公称（max）			6	7.7	9.4	13	16.4	19.6	25
D_2 公称（min）			13	15	17	22	28	32	38
h_2 公称（min）			2.5	3	3.5	4.5	5	7	8
最大起质量 W/t	单螺钉起吊		0.16	0.25	0.4	0.63	1	1.6	2.5
	双螺钉起吊		0.08	0.125	0.2	0.32	0.5	0.8	1.25

注：1．减速器质量 W 与中心距参考关系为（软齿面减速器）：

一级圆柱齿轮减速器						二级圆柱齿轮减速器					
a	100	160	200	250	315	a	100×140	140×200	180×280	200×280	250×355
W/t	0.026	0.105	0.21	0.40	0.80	W/t	0.10	0.26	0.48	0.68	1.25

2．螺钉采用 20 或 25 钢制造，螺纹公差为 8 g。

3．表中螺纹规格 d 均为商品规格。

第十二章　公差配合与表面粗糙度

表 12-1　标准公差和基本偏差代号

名　称		代　号
标准公差		IT1，IT2，…，IT18，共分 18 级
基本偏差	孔	A，B，C，CD，D，E，EF，F，FG，G，H，J，JS，K，M，N，P，R，S，T，U，V，X，Y，Z，ZA，ZB，ZC
	轴	a，b，c，cd，d，e，ef，f，fg，g，h，j，js，k，m，n，p，r，s，t，u，v，x，y，z，za，zb，zc

表 12-2　配合种类及代号

种　类	基孔制 H	基轴制 b	说　明
间隙配合	a，b，c，cd，d，e，ef，f，fg，g，h	A，B，C，CD，D，E，EF，F，FG，G，H	间隙依次渐小
过渡配合	j，js，k，m，n	J，JS，K，M，N	依次渐紧
过盈配合	p，r，s，t，u，v，x，y，z，za，zb，zc	P，R，S，T，U，V，X，Y，Z，ZA，ZB，ZC	依次渐紧

表 12-3　基本尺寸至 500 标准公差数值（摘自 GB/T 1800.4—2009）

基本尺寸 /mm		大于	—	3	6	10	18	30	50	80	120	180	250	315	400
		至	3	6	10	18	30	50	80	120	180	250	315	400	500
公差等级	IT5	μm	4	5	6	8	9	11	13	15	18	20	23	25	27
	IT6		6	8	9	11	13	16	19	22	25	29	32	36	40
	IT7		10	12	15	18	21	25	30	35	40	46	52	57	63
	IT8		14	18	22	27	33	39	46	54	63	72	81	89	97
	IT9		25	30	36	43	52	62	74	87	100	115	130	140	155
	IT10		40	48	58	70	84	100	120	140	160	185	210	230	250
	IT11		60	75	90	110	130	160	190	220	250	290	320	360	400
	IT12		100	120	150	180	210	250	300	350	400	460	520	570	630

注：基本尺寸小于 1 mm 时，无 IT14 至 IT18。

表 12-4 基本尺寸 18～315 mm 孔的极限偏差值（摘自 GB/T 1800.4-2009） （单位：μm）

公差带	等级	基本尺寸/mm						
		＞18～30	＞30～50	＞50～80	＞80～120	＞120～180	＞180～250	＞250～315
D	7	+86 +65	+105 +80	+130 +100	+155 +120	+185 +145	+216 +170	+242 +190
	8	+98 +65	+119 +80	+146 +100	+174 +120	+208 +145	+242 +170	+271 +190
	9	+117 +65	+142 +80	+174 +100	+207 +120	+245 +145	+285 +170	+320 +190
	10	+149 +65	+180 +80	+220 +100	+260 +120	+305 +145	+355 +170	+400 +190
	11	+195 +65	+240 +80	+290 +100	+340 +120	+395 +145	+460 +170	+510 +190
E	6	+53 +40	+66 +50	+79 +60	+94 +72	+110 +85	+129 +100	+142 +110
	7	+61 +40	+75 +50	+90 +60	+107 +72	+125 +85	+146 +100	+162 +110
	8	+73 +40	+89 +50	+106 +60	+126 +72	+148 +85	+172 +100	+191 +110
	9	+92 +40	+112 +50	+134 +60	+159 +72	+185 +85	+215 +100	+240 +110
	10	+124 +40	+150 +50	+180 +60	+212 +72	+245 +85	+285 +100	+320 +110
F	6	+33 +20	+41 +25	+49 +30	+58 +36	+68 +43	+79 +50	+88 +56
	7	+41 +20	+50 +25	+60 +30	+71 +36	+83 +43	+96 +50	+108 +56
	8	+53 +20	+64 +25	+76 +30	+90 +36	+106 +43	+122 +50	+137 +56
	9	+72 +20	+87 +25	+104 +30	+123 +36	+143 +43	+165 +50	+186 +56
H	5	+9 0	+11 0	+13 0	+15 0	+18 0	+20 0	+23 0
	6	+13 0	+16 0	+19 0	+22 0	+25 0	+29 0	+32 0
	7	+21 0	+25 0	+30 0	+35 0	+40 0	+46 0	+52 0
	8	+33 0	+39 0	+46 0	+54 0	+63 0	+72 0	+81 0
	9	+52 0	+62 0	+74 0	+87 0	+100 0	+115 0	+130 0
	10	+84 0	+100 0	+120 0	+140 0	+160 0	+185 0	+210 0
	11	+130 0	160 0	+190 0	+220 0	+250 0	+290 0	+320 0

续表 12-4

公差带	等级	基本尺寸/mm						
		>18～30	>30～50	>50～80	>80～120	>120～180	>180～250	>250～315
JS	6	±6.5	±8	±9.5	±11	±12.5	±14.5	±16
	7	±10	±12	±15	±17	±20	±23	±26
	8	±16	±19	±23	±27	±31	±36	±40
	9	±26	±31	±37	±43	±50	±57	±65
N	7	-7 -28	-8 -33	-9 -10	-10 -45	-12 -52	-14 -60	-14 -66
	8	-3 -36	-3 -42	-4 -50	-4 -58	-4 -67	-5 -77	-5 -86
	9	0 -52	0 -62	0 -74	0 -87	0 -100	0 -155	0 -130
	10	0 -84	0 -100	0 -120	0 -140	0 -160	0 -185	0 -210
	11	0 -130	0 -160	0 -190	0 -220	0 -250	0 -290	0 -320

表 12-5　基本尺寸 18～315 mm 轴的极限偏差值（摘自 GB/T 1800.4-2009）　（单位：μm）

基本尺寸/mm	大于	18	24	30	40	50	65	80	100	120	140	160	180	200	225	250	280
	至	24	30	40	50	65	80	100	120	140	160	180	200	225	250	280	315
d	9	-65 -117		-80 -142		-100 -174		-120 -207		-145 -245			-170 -285			-190 -320	
	10	-65 -149		-80 -180		-100 -220		-120 -260		-145 -305			-170 -355			-190 -400	
	11	-65 -195		-80 -240		-100 -290		-120 -340		-145 -395			-170 -460			-190 -510	
f	7	-20 -41		-25 -50		-30 -60		-36 -71		-43 -83			-50 -96			-56 -108	
	8	-20 -53		-25 -64		-30 -76		-36 -90		-43 -106			-50 -122			-56 -137	
	9	-20 -72		-25 -87		-30 -104		-36 -123		-43 -143			-50 -165			-56 -186	
h	7	0 -21		0 -25		0 -30		0 -35		0 -40			0 -46			0 -52	
	8	0 -33		0 -39		0 -46		0 -54		0 -63			0 -72			0 -81	
	9	0 -52		0 -62		0 -72		0 -87		0 -100			0 -115			0 -130	
	10	0 -84		0 -100		0 -120		0 -140		0 -160			0 -185			0 -210	
	11	0 -130		0 -160		0 -190		0 -220		0 -250			0 -290			0 -320	

续表 12-5

基本尺寸/mm	大于	18	24	30	40	50	65	80	100	120	140	160	180	200	225	250	280
	至	24	30	40	50	65	80	100	120	140	160	180	200	225	250	280	315
js	5	±4.5		±5.5		±6.5		±7.5		±9			±10			±11.5	
	6	±6.5		±8		±9.5		±11		±12.5			±14.5			±16	
	7	±10		±12		±15		±17		±20			±23			±26	
k	5	+11 +2		+13 +2		+15 +2		+18 +3		+21 +3			+24 +4			+27 +4	
	6	+15 +2		+18 +2		+21 +2		+25 +3		+28 +3			+33 +4			+36 +4	
	7	+23 +2		+27 +2		+32 +2		+38 +3		+43 +3			+50 +4			+56 +4	
m	5	+17 +8		+20 +9		+24 +11		+28 +13		+33 +15			+37 +17			+43 +20	
	6	+21 +8		+25 +9		+30 +11		+35 +13		+40 +15			+46 +17			+52 +20	
	7	+29 +8		+34 +9		+41 +11		+48 +13		+55 +15			+63 +17			+72 +20	
n	5	+24 +15		+28 +17		+33 +20		+30 +23		+45 +27			+51 +31			+57 +34	
	6	+28 +15		+33 +17		+39 +20		+45 +23		+52 +27			+60 +31			+66 +34	
	7	+36 +15		+42 +17		+50 +20		+58 +23		+67 +27			+77 +31			+86 +34	
r	5	+37 +28		+45 +34		+54 +41	+56 +43	+66 +51	+69 +54	+81 +63	+83 +65	+86 +68	+97 +77	+100 +80	+104 +84	+117 +94	+121 +98
	6	+41 +28		+50 +34		+60 +41	+62 +43	+73 +51	+76 +54	+88 +63	+90 +65	+93 +68	+106 +77	+109 +80	+113 +84	+126 +94	+130 +98
	7	+49 +28		+59 +34		+71 +41	+73 +43	+86 +51	+89 +54	+103 +63	+105 +65	+108 +68	+123 +77	+126 +80	+130 +84	+146 +94	+150 +98

表 12-6 典型零件的荐用配合

配合代号	装配方法	配合性质	应用举例
$\frac{H7}{s6}$	压力机或温差	中型压入配合	大型减速器中低速轴与齿轮的配合
$\frac{H7}{r6}$		不常拆卸的轻型过盈配合	重载齿轮与轴的配合，轴与联轴器、带轮、链轮的配合
$\frac{H7}{p6}$			受冲击、振动的重负荷齿轮与轴的配合

续表 12-6

配合代号	装配方法	配合性质	应用举例
$\frac{H7}{m6}$	铜锤打入	具有较小过盈的过渡配合	轴与齿轮、带轮、链轮、联轴器的配合
$\frac{H7}{k6}$	手锤打入	最广泛采用的一种过渡配合	机床不滑动的齿轮与轴，中型电机与联轴器、带轮，中小型减速器中齿轮、带轮、联轴器与轴的配合
$\frac{H7}{js6}$	手或木锤装拆	比较常用且精密定位的一种过渡配合	机床变速箱中齿轮与轴的配合
$\frac{H7}{d11}$	徒手装拆		轴承盖与箱体孔的配合
$\frac{D11}{g6}$，$\frac{F9}{k6}$，$\frac{F9}{m6}$			轴套、挡油盘与轴的配合
f9，h11			与密封条件相接触的轴段

注：滚动轴承与轴和孔的配合见表 10-23。

表 12-7　圆度、圆柱度公差（摘自 GB/T 1184—1996）　（单位：μm）

主参数 d（D）图例

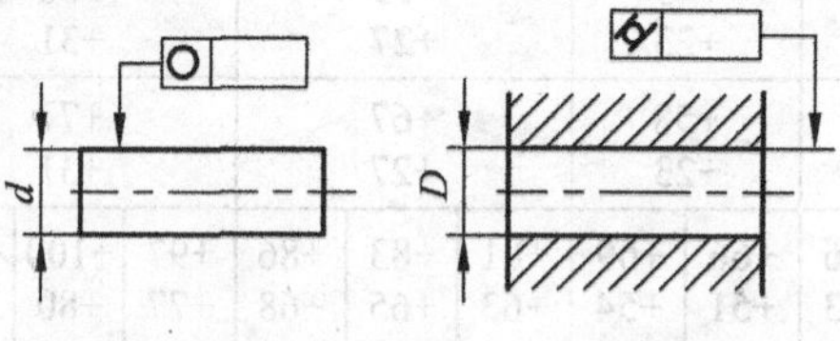

精度等级	主参数 d（D）/mm								应用举例	
	>6 ～10	>10 ～18	>18 ～30	>30 ～50	>50 ～80	>80 ～120	>120 ～180	>180 ～250		
5	1.5	2	2.5	2.5	3	4	5	7	通用减速机轴颈，一般机床主轴	安装 E 级轴承的轴颈
6	2.5	3	4	4	5	6	8	10		安装E级轴承的座孔 安装 G 级轴承的轴颈
7	4	5	6	7	8	10	12	14	千斤顶或压力油缸活塞，水泵及减速机轴颈，液压传动系统的分配机构	安装 G 级轴承的座孔
8	6	8	9	11	13	15	18	20		

表 12-8　同轴度、对称度、圆跳动和全跳动公差（摘自 GB/T 1184—2008）　（单位：mm）

主要参数 *d*（*D*）、*B*、*L* 图例

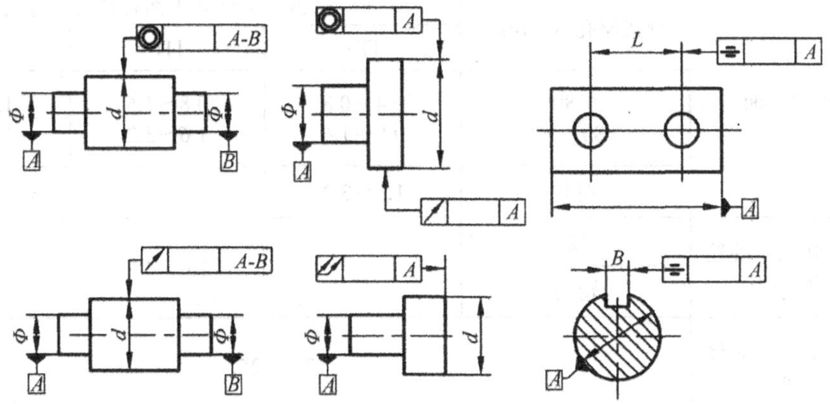

精度等级	主参数 *d*（*D*）、*B*/mm							应用举例
	>6～10	>10～18	>18～30	>30～50	>50～120	>120～250	>250～500	
5	4	5	6	8	10	12	15	6 级精度齿轮与轴的配合面，跳动用于 E 级滚动轴承与轴的配合面
6	6	8	10	12	15	20	25	7 级精度齿轮与轴的配合面，跳动用于 E 级滚动轴承与座孔的配合面，G 级滚动轴承与轴的配合面
7	10	12	15	20	25	30	40	8 级精度齿轮与轴的配合面，高精度高转速的轴，跳动用于 G 级滚动轴承与座孔的配合面
8	15	20	25	30	40	50	60	9 级精度齿轮与轴的配合面

表 12-9　典型零件表面粗糙度选择

表面特性	部　位	表面粗糙度 R_a 数值不大于/μm		
键与键槽	工作表面	6.3		
	非工作表面	12.5		
齿　轮		齿轮的精度等级		
		7	8	9
	齿　面	0.8	1.6	3.2
	外　圆	1.6～3.2		3.2～6.3
	端　面	0.8～3.2		3.2～6.3

续表 12-9

表面特性	部　位	表面粗糙度 R_a 数值不大于/μm		
		轴或外壳配合表面直径公差等级		
	轴式座孔直径/mm	IT5	IT6	IT6
滚动轴承配合面	≤80 >80~500	0.4~0.8 0.8~1.6	0.8~1.6 1.6~3.2	1.6~3.2 1.6~3.2
	端面	1.6~3.2	3.2~6.3	
传动件、联轴器等轮毂与轴的配合表面	轴	1.6~3.2		
	轮毂			
轴端面、倒角、螺栓孔等非配合表面	12.5~25			
轴密封处的表面	毡圈式	橡胶密封式		油沟及迷宫式
	与轴接触处的圆周速度/（m/s）			
	≤3	>3~5	>5~10	1.6~3.2
	0.8~1.6	0.4~0.8	0.2~0.4	

表 12-10　带轮孔径系列值

16	18	20	22	24	25	28	30	32	35	38	40	42	45	50	55
60	65	70	75	80	85	90	95	100	110	120	130	140	150		

第十三章　渐开线圆柱齿轮公差（GB 10095—2008）

齿轮及齿轮副的精度等级为 12 个等级，从 1 级到 12 级，精度依次降低。

按齿轮各项误差对齿轮传动使用性能的主要影响，将齿轮误差划分为三组（表 13-1），影响传递运动准确性的误差为第 I 组，影响传动平稳性的误差为第 II 组，影响载荷分布均匀性的误差为第III组。根据使用要求不同，允许对三个公差组选用不同的精度等级，但一般三个公差组选用同一精度等级。

表 13-1　齿轮各项公差分组

公差组	公差与极限偏差项目	误差特性	对传动性能的主要影响
I	F'_i，F_p，F_{pk}，F''_i，F_r，F_w	以齿轮一转为周期的误差	传递运动的准确性
II	f'_i，f_f，f_{pt}，f_{pb}，f''_i，f_β	在齿轮一周内，多次周期地重复出现的误差	传动的平稳性、噪声、振动
III	F_β，F_b，F_{PX}	齿向线的误差	载荷分布的均匀性

注：F'_i—切向综合公差；F_P—齿距累积公差；F_{pk}—k 个齿距累积公差；F''_i—径向综合公差；F_r—齿圈径向跳动公差；F_w—公法线长度变动公差；f'_i—切向一齿综合公差；f_f—齿形公差；f_{pt}—齿距极限偏差；f_{pb}—基节极限偏差；f''_i—径向一齿综合公差；f_β—螺旋线波度公差；F_β—齿向公差；F_b—接触线公差；F_{PX}—轴向齿距极限偏差。

表 13-2　推荐圆柱齿轮和齿轮副检验项目

项　目		精度等级
		6～8
公差组	I	F_r 与 F_w
	II	f_f 与 f_{pb} 或 f_t 与 f_{pt}，f_{pt} 与 f_{fb}
	III	（接触斑点）或 F_β
齿轮副	对齿轮	E_w 或 E_s
	对传动	接触斑点，f_o
	对箱体	f_x，f_y
齿轮毛坯公差		顶圆直径公差，基准面的径向跳动公差，基准面的端面跳动公差

表 13-3　圆柱齿轮第Ⅱ公差组的精度与圆周速度关系

齿轮传动形式	第Ⅱ公差组精度等级					
	5	6	7	8	9	10
	圆周速度/（m/s）					
直齿（软齿面）	>15	18	12	6	4	1
直齿（硬齿面）	>15	15	10	5	3	1
斜齿（软齿面）	>30	36	25	12	8	2
斜齿（硬齿面）	>30	30	20	9	6	1.5

表 13-4　接触斑点

接触斑点	单　位	精度等级					
		5	6	7	8	9	10
按高度不小于	%	55（45）	50（40）	45（35）	40（30）	30	25
按长度不小于	%	80	70	60	50	40	30

注：1．接触斑点的分布位置应趋近齿面中部。齿顶和两端部棱边处不允许接触。

2．括号内数据用于轴向重合度 $\varepsilon_\beta = \dfrac{b\sin\beta}{\pi m_n} > 0.8$ 的斜齿轮。

表 13-5　齿坯公差及齿坯基准面径向和端面跳动公差　　（单位：μm）

齿轮精度等级①			5	6	7	8	9	10
孔	尺寸公差 形状公差		IT5	IT6	IT7		IT8	
轴	尺寸公差 形状公差		IT5		IT6		IT7	
顶圆直径②			IT7	IT8			IT9	
基准面的径向跳动③ 基准面的端面跳动	分度圆直径/mm	0～125	11		18		28	
		＞125～400	14		22		36	
		＞400～800	20		32		50	

注：IT——标准公差单位，数值见表 12-3。

①当三个公差组的精度等级不同时，按最高的精度等级确定公差值。

②当顶圆不作测量齿厚的基准时，尺寸公差按 IT11 给定，但不大于 0.1 m。

③当以顶圆做基准面时，本栏就指顶圆的径向跳动。

表 13-6 齿轮传动中心距极限偏差±f_a值 （单位：μm）

第Ⅱ组公差精度等级		5～6	7～8	9～10
f_a		（1/2）IT7	（1/2）IT8	（1/2）IT9
齿轮副的中心距	＞50～80	15	23	37
	＞80～120	17.5	27	43.5
	＞120～180	20	31.5	50
	＞180～250	23	36	57.5
	＞250～315	26	40.5	65
	＞315～400	28.5	44.5	70

表 13-7 齿轮有关 F_r、F_w、f_f、f_{pt}、f_{pb} 及 F_β （单位：μm）

分度圆直径/mm		法向模数 m_n/mm	第Ⅰ公差组						第Ⅱ公差组									第Ⅲ公差组				
			齿圈径向跳动公差 F_r			公法线长度变动公差 F_w			齿形公差 f_f			齿距极限偏差±f_{pt}			基节极限偏差±f_{pb}			齿向公差 F_β				
			精度等级															齿轮宽度/mm		精度等级		
大于	到		6	7	8	6	7	8	6	7	8	6	7	8	6	7	8	大于	到	6	7	8
—	125	＞1～3.5	25	36	45				8	11	14	10	14	20	9	13	18	—	40	9	11	18
		＞3.5～6.3	28	40	50	20	28	40	10	14	20	13	18	25	11	16	22					
		＞6.3～10	32	45	56				12	17	22	14	20	28	13	18	25	40	100	12	16	25
125	400	＞1～3.5	36	50	63				9	13	18	11	16	22	10	14	20					
		＞3.5～6.3	40	56	71	25	36	50	11	16	22	14	20	28	13	18	25	100	160	16	20	32
		＞6.3～10	45	63	86				13	19	28	16	22	32	14	20	30					

表 13-8 公法线长度 W_k^*（m=1，α=20°）

齿轮齿数 z	跨测齿数 k	公法线长度 W_k^*/mm	齿轮齿数 z	跨测齿数 k	公法线长度 W_k^*/mm	齿轮齿数 z	跨测齿数 k	公法线长度 W_k^*/mm	齿轮齿数 z	跨测齿数 k	公法线长度 W_k^*/mm
4	2	4.484 2	11	2	4.582 3	18	3	7.632 4	25	3	7.730 5
5	2	4.494 2	12	2	4.596 3	19	3	7.646 4	26	3	7.744 5
6	2	4.512 2	13	2	4.610 3	20	3	7.660 4	27	4	10.710 6
7	2	4.526 2	14	2	4.624 3	21	3	7.674 4	28	4	10.724 6
8	2	4.540 2	15	2	4.638 3	22	3	7.688 4	29	4	10.738 6
9	2	4.554 2	16	2	4.652 3	23	3	7.702 4	30	4	10.752 6
10	2	4.568 3	17	2	4.666 3	24	3	7.716 5	31	4	10.766 6

续表 13-8

齿轮齿数 z	跨测齿数 k	公法线长度 W_k^*/mm	齿轮齿数 z	跨测齿数 k	公法线长度 W_k^*/mm	齿轮齿数 z	跨测齿数 k	公法线长度 W_k^*/mm	齿轮齿数 z	跨测齿数 k	公法线长度 W_k^*/mm
32	4	10.780 6	66	8	23.065 3	100	12	35.350 0	134	15	44.682 6
33	4	10.794 6	67	8	23.079 3	101	12	35.364 0	135	16	47.649 0
34	4	10.808 6	68	8	23.093 3	102	12	35.378 0	136	16	47.662 7
35	4	10.822 6	69	8	23.107 3	103	12	35.392 0	137	16	47.676 7
36	5	13.788 8	70	8	23.121 3	104	12	35.406 0	138	16	47.690 7
37	5	13.802 8	71	8	23.135 3	105	12	35.420 0	139	16	47.704 7
38	5	13.816 8	72	9	26.101 5	106	12	35.434 0	140	16	47.718 7
39	5	13.830 8	73	9	26.115 5	107	12	35.448 1	141	16	47.732 7
40	5	13.844 8	74	9	26.129 5	108	13	38.414 2	142	16	47.740 8
41	5	13.858 8	75	9	26.143 5	109	13	38.428 2	143	16	47.760 8
42	5	13.872 8	76	9	26.157 5	110	13	38.442 2	144	17	50.727 0
43	5	13.886 8	77	9	26.171 5	111	13	38.456 2	145	17	50.740 9
44	5	13.900 8	78	9	26.185 5	112	13	38.470 2	146	17	50.754 9
45	6	16.867 0	79	9	26.199 5	113	13	3.484 2	147	17	50.768 9
46	6	16.881 0	80	9	26.213 5	114	13	38.498 2	148	17	50.782 9
47	6	16.895 0	81	10	29.179 7	115	13	38.512 2	149	17	50.796 9
48	6	16.909 0	82	10	29.193 7	116	13	38.526 2	150	17	50.810 9
49	6	16.923 0	83	10	29.207 7	117	14	41.492 4	151	17	50.824 9
50	6	16.937 0	84	10	29.221 7	118	14	41.506 4	152	17	50.838 9
51	6	16.951 0	85	10	29.235 7	119	14	41.520 4	153	18	53.805 1
52	6	16.966 0	86	10	29.249 7	120	14	41.534 4	154	18	53.819 1
53	6	16.979 0	87	10	29.263 7	121	14	41.548 4	155	18	53.833 1
54	7	19.945 2	88	10	29.277 7	122	14	41.562 4	156	18	53.847 1
55	7	19.959 1	89	10	29.291 7	123	14	41.576 4	157	18	53.861 1
56	7	19.973 1	90	11	32.257 9	124	14	41.590 4	158	18	53.875 1
57	7	19.987 1	91	11	32.271 8	125	14	41.604 4	159	18	53.889 1
58	7	20.001 1	92	11	32.285 8	126	15	44.570 6	160	18	53.903 1
59	7	20.015 2	93	11	32.299 8	127	15	44.584 6	161	18	53.917 1
60	7	20.029 2	94	11	32.313 6	128	15	44.598 6	162	19	56.883 3
61	7	20.043 2	95	11	32.327 9	129	15	44.612 6	163	19	56.897 2
62	7	20.057 2	96	11	32.341 9	130	15	44.626 6	164	19	56.911 3
63	8	23.022 3	97	11	32.355 9	131	15	44.640 6	165	19	56.925 3
64	8	23.037 3	98	11	32.369 9	132	15	44.654 6	166	19	56.939 3
65	8	23.051 3	99	12	35.336 1	133	15	44.668 6	167	19	56.953 3

续表 13-8

齿轮齿数 z	跨测齿数 k	公法线长度 W_k^* /mm	齿轮齿数 z	跨测齿数 k	公法线长度 W_k^* /mm	齿轮齿数 z	跨测齿数 k	公法线长度 W_k^* /mm	齿轮齿数 z	跨测齿数 k	公法线长度 W_k^* /mm
168	19	56.967 3	177	20	60.045 5	186	21	63.123 6	195	22	66.201 8
169	19	55.981 3	178	20	60.059 5	187	21	63.137 6	196	22	66.215 8
170	19	56.995 3	179	20	60.073 5	188	21	63.151 6	197	22	66.229 8
171	20	59.961 5	180	21	63.039 7	189	22	66.117 9	198	23	69.196 1
172	20	59.975 4	181	21	63.053 6	190	22	66.131 8	199	23	69.210 1
173	20	59.989 4	182	21	63.067 6	191	22	66.145 8	200	23	66.224 1
174	20	60.003 4	183	21	63.081 6	192	22	66.159 8			
175	20	60.017 4	184	21	63.095 6	193	22	66.173 8			
176	20	60.031 4	185	21	63.109 9	194	22	66.187 8			

注：1．对标准直齿圆柱齿轮，公法线长度 $W_k=W_k^*m$，W_k^* 为 m=1 mm、α=20°的公法线长度。

2．对变位直齿圆柱齿轮，当变位系数较小，$|x|<0.3$，跨测齿数 k 不变，按照上表查出：而公法线长度

$W_k=(W_k^*+0.084x)m$，x 为变位系数；

当变位系数 x 较大，$|x|>0.3$ 时跨测齿数为 k'，可按下式计算：

$$k'=z\frac{a_z}{180^\circ}+0.5\text{，式中 } a_z=\arccos\frac{2d\cos\alpha}{d_a+d_f}\text{；而公法线长度为}$$

$$W_k=[2.9521(k'-0.5)+0.0142+0.684x]m$$

3．斜齿轮的公法线长度 W_{nk} 在法面内测量，其值也可按上表确定，但必须根据假想齿数 z' 查表，z' 可按下式计算：

$$z'=kz$$

式中，k 为与分度圆柱上齿的螺旋角 β 有关的假想齿数系数，见表 13-9。

假想齿数常非整数，其小数部分 $\Delta z'$ 所对应的公法线长度 ΔW_n^* 可查表 13-10。

故总的公法线长度　　$W_{nk}=(W_k^*+\Delta W_n^*)m_n$。

式中，m_n 为法面模数；W_k^* 为与假想齿数 z' 整数部分相对应的公法线长度，见表 13-8。

表 13-9　假想齿数系数 k（α_n=20°）

β	k	差值	β	k	差值	β	k	差值
6°	1.016		11°	1.054		16°	1.119	
		0.006			0.011			0.017
7°	1.022		12°	1.065		17°	1.136	
		0.006			0.012			0.018
8°	1.028		13°	1.077		18°	1.154	
		0.008			0.013			0.019
9°	1.036		14°	1.090		19°	1.173	
		0.009			0.014			0.024
10°	1.045		15°	1.114		20°	1.194	

表 13-10　公法线长度 ΔW_n^*　　（单位：mm）

$\Delta z'$	0.00	0.01	0.02	0.03	0.04	0.05	0.06	0.07	0.08	0.09
0.0	0.0000	0.0001	0.0003	0.0004	0.0006	0.0007	0.0008	0.0010	0.0011	0.0013
0.1	0.0014	0.0015	0.0017	0.0018	0.0020	0.0021	0.0022	0.0024	0.0025	0.0027
0.2	0.0028	0.0029	0.0031	0.0032	0.0034	0.0035	0.0036	0.0038	0.0039	0.0041
0.3	0.0042	0.0043	0.0045	0.0046	0.0048	0.0049	0.0051	0.0052	0.0053	0.0055
0.4	0.0056	0.0057	0.0059	0.0060	0.0061	0.0063	0.0064	0.0066	0.0067	0.0069
0.5	0.0070	0.0071	0.0073	0.0074	0.0076	0.0077	0.0079	0.0080	0.0081	0.0083
0.6	0.0084	0.0085	0.0087	0.0088	0.0089	0.0091	0.0092	0.0094	0.0095	0.0097
0.7	0.0098	0.0099	0.0101	0.0102	0.0104	0.0105	0.0106	0.0108	0.0109	0.0111
0.8	0.0112	0.0114	0.0115	0.0116	0.0118	0.0119	0.0120	0.0122	0.0123	0.0124
0.9	0.0126	0.0127	0.0129	0.0130	0.0132	0.0133	0.0135	0.0136	0.0137	0.0139

注：查取示例：$\Delta z'=0.43$ 时，由本表查得 $\Delta W_n^*=0.0060$。

表 13-11　固定弦齿厚和弦齿高（$\alpha=\alpha_n=20°$，$h_2^*=h_{mx}^*=1$）　　（单位：mm）

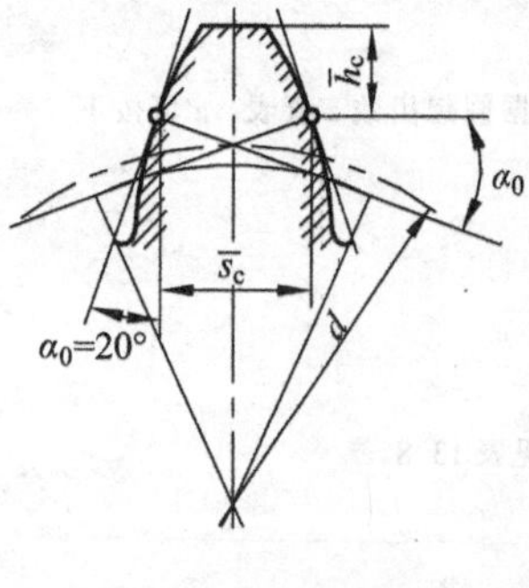

固定弦齿厚 $\bar{s}_c=1.387\,m$；固定弦齿高 $\bar{h}_c=0.746\,m$

m	$\bar{s}_c$	$\bar{h}_c$	m	$\bar{s}_c$	$\bar{h}_c$
1	1.387 1	0.747 6	4	5.548 2	2.990 3
1.25	1.733 8	0.934 4	4.5	6.241 7	3.364 1
1.5	2.080 6	1.121 4	5	6.935 3	3.737 9
1.75	2.427 3	1.308 2	5.5	7.628 8	4.111 7
2	2.774 1	1.495 1	6	8.322 3	4.485 4
2.25	3.120 9	1.682 0	7	9.709 3	5.233 0
2.5	3.467 7	1.868 9	8	11.096 4	5.980 6
3	4.161 2	2.242 7	9	12.483 4	6.728 5
3.5	4.854 7	2.6165	10	13.870 5	7.475 7

注：1. 对于标准斜齿圆柱齿轮，表中的模数 m 指的是法面模数；对于直齿圆锥齿轮，m 指的是大端模数。

2. 对于变位齿轮，其固定弦齿厚及弦齿高可按下式计算：$\bar{s}_c=1.387m+0.6428xm$；$\bar{h}_c=0.7476m+0.883xm-\Delta ym$。式中 x 及 Δy 分别为变位系数及齿高变动系数。

表 13-12　标准齿轮分度圆弦齿厚和弦齿高（$m=m_n=1$，$\alpha=\alpha_n=20°$，$h_a^*=h_{ax}^*=1$）　　（单位：mm）

齿数 z	分度圆弦齿厚 $\bar{s}^*$	分度圆弦齿高 $\bar{h}_a^*$	齿数 z	分度圆弦齿厚 $\bar{s}^*$	分度圆弦齿高 $\bar{h}_a^*$	齿数 z	分度圆弦齿厚 $\bar{s}^*$	分度圆弦齿高 $\bar{h}_a^*$	齿数 z	分度圆弦齿厚 $\bar{s}^*$	分度圆弦齿高 $\bar{h}_a^*$
6	1.552 9	1.102 2	9	1.562 8	1.068 4	12	1.566 3	1.051 4	15	1.567 9	1.041 1
7	1.550 8	1.087 3	10	1.564 3	1.061 6	13	1.567 0	1.047 4	16	1.568 3	1.035 8
8	1.560 7	1.076 9	11	1.565 4	1.055 9	14	1.567 5	1.044 0	17	1.568 6	1.036 2

续表 13-12

齿数 z	分度圆弦齿厚 $\bar{s}^*$	分度圆弦齿高 $\bar{h}_a^*$	齿数 z	分度圆弦齿厚 $\bar{s}^*$	分度圆弦齿高 $\bar{h}_a^*$	齿数 z	分度圆弦齿厚 $\bar{s}^*$	分度圆弦齿高 $\bar{h}_a^*$	齿数 z	分度圆弦齿厚 $\bar{s}^*$	分度圆弦齿高 $\bar{h}_a^*$
18	1.568 8	1.034 2	49	1.570 5	1.012 6	80	1.570 7	1.007 7	111	1.570 7	1.005 6
19	1.569 0	1.032 4	50	1.570 5	1.012 3	81	1.570 7	1.007 6	112	1.570 7	1.005 5
20	1.569 2	1.030 8	51	1.570 6	1.012 1	82	1.570 7	1.007 5	113	1.570 7	1.005 5
21	1.569 4	1.029 4	52	1.570 6	1.011 9	83	1.570 7	1.007 4	114	1.570 7	1.005 4
22	1.569 5	1.028 1	53	1.570 6	1.011 7	84	1.570 7	1.007 4	115	1.570 7	1.005 4
23	1.569 6	1.026 8	54	1.570 6	1.011 4	85	1.570 7	1.007 3	116	1.570 7	1.005 3
24	1.569 7	1.025 7	55	1.570 6	1.011 2	86	1.570 7	1.007 2	117	1.570 7	1.005 3
25	1.569 8	1.024 7	56	1.570 6	1.011 0	87	1.570 7	1.007 1	118	1.570 7	1.005 3
26	1.569 8	1.023 7	57	1.570 6	1.010 8	88	1.570 7	1.007 0	119	1.570 7	1.005 2
27	1.569 9	1.022 8	58	1.570 6	1.010 6	89	1.570 7	1.006 9	120	1.570 7	1.005 2
28	1.570 0	1.022 0	59	1.570 6	1.010 5	90	1.570 7	1.006 8	121	1.570 7	1.005 1
29	1.570 0	1.021 3	60	1.570 6	1.010 2	91	1.570 7	1.0068	122	1.570 7	1.005 1
30	1.570 1	1.020 5	61	1.570 6	1.010 1	92	1.570 7	1.006 7	122	1.570 7	1.005 1
31	1.570 1	1.019 9	62	1.570 6	1.010 0	93	1.570 7	1.006 7	123	1.570 7	1.005 0
32	1.570 2	1.019 3	63	1.570 6	1.009 8	94	1.570 7	1.006 6	124	1.570 7	1.005 0
33	1.570 2	1.018 7	64	1.570 6	1.009 7	95	1.570 7	1.006 5	125	1.570 7	1.004 9
34	1.570 2	1.018 1	65	1.570 6	1.009 5	96	1.570 7	1.006 4	126	1.570 7	1.004 9
35	1.570 2	1.017 6	66	1.570 6	1.009 4	97	1.570 7	1.006 4	127	1.570 7	1.004 9
36	1.570 3	1.017 1	67	1.570 6	1.009 2	98	1.570 7	1.006 3	128	1.570 7	1.004 8
37	1.570 3	1.016 7	68	1.570 6	1.009 1	99	1.570 7	1.006 2	129	1.570 7	1.004 8
38	1.570 3	1.016 2	69	1.570 7	1.009 0	100	1.570 7	1.006 1	130	1.570 7	1.0047
39	1.570 3	1.015 8	70	1.570 7	1.008 8	101	1.570 7	1.006 1	131	1.570 8	1.004 7
40	1.570 4	1.015 4	71	1.570 7	1.008 7	102	1.570 7	1.006 0	132	1.570 8	1.004 7
41	1.570 4	1.015 0	72	1.570 7	1.008 6	103	1.570 7	1.006 0	133	1.570 8	11.0047
42	1.570 4	1.014 7	73	1.570 7	1.008 5	104	1.570 7	1.005 9	134	1.570 8	1.004 6
43	1.570 5	1.014 3	74	1.570 7	1.008 4	105	1.570 7	1.005 9	135	1.570 8	1.004 6
44	1.570 5	1.014 0	75	1.570 7	1.008 3	106	1.570 7	1.005 8	140	1.570 8	1.004 4
45	1.570 5	1.013 7	76	1.570 7	1.008 1	107	1.570 7	1.005 8	145	1.570 8	1.004 2
46	1.570 5	1.013 4	77	1.570 7	1.008 0	108	1.570 7	1.005 7	150	1.570 8	1.004 1
47	1.570 5	1.013 1	78	1.570 7	1.007 9	109	1.570 7	1.005 7	齿条	1.570 8	1.000 0
48	1.570 5	1.012 9	79	1.570 7	1.007 8	110	1.570 7	1.005 6			

注：1. 当 m（m_n）≠1 时，分度圆弦齿厚 $\bar{s}=\bar{s}^*\cdot m$（$\bar{s}_n=\bar{s}_n^*\cdot m_n$）；分度圆弦齿高 $\bar{h}_a=\bar{h}_a^*\cdot m$（$\bar{h}_{an}=\bar{h}_{an}^*\cdot m_a$）。

2. 对于斜齿圆柱齿轮和圆锥齿轮，本表也可以用，但要按照当量齿数 z_v 查取。

3. 如果当量齿数带小数，就要用比例插入法，把小数部分考虑进去。

表 13-13　齿厚极限偏差和公法线平均长度偏差　　（单位：μm）

偏差	第Ⅱ公差组精度等级	法向模数 m_n/mm	分度圆直径/mm ≤80	>80～125	>125～180	>180～250	>250～315	>315～400
齿厚极限上偏差 E_{ss} 及下偏差 E_{si}	7	≥1～3.5	HK $\begin{pmatrix}-112\\-168\end{pmatrix}$	HK $\begin{pmatrix}-112\\-168\end{pmatrix}$	HK $\begin{pmatrix}-128\\-192\end{pmatrix}$	HK $\begin{pmatrix}-128\\-192\end{pmatrix}$	JL $\begin{pmatrix}-160\\-256\end{pmatrix}$	KL $\begin{pmatrix}-192\\-256\end{pmatrix}$
		>3.5～6.3	GJ $\begin{pmatrix}-108\\-180\end{pmatrix}$	GJ $\begin{pmatrix}-108\\-180\end{pmatrix}$	GJ $\begin{pmatrix}-120\\-200\end{pmatrix}$	HK $\begin{pmatrix}-160\\-240\end{pmatrix}$	HK $\begin{pmatrix}-160\\-240\end{pmatrix}$	HK $\begin{pmatrix}-160\\-240\end{pmatrix}$
		>6.3～10	GH $\begin{pmatrix}-120\\-160\end{pmatrix}$	GH $\begin{pmatrix}-120\\-160\end{pmatrix}$	GJ $\begin{pmatrix}-132\\-220\end{pmatrix}$	GJ $\begin{pmatrix}-132\\-220\end{pmatrix}$	HK $\begin{pmatrix}-176\\-264\end{pmatrix}$	HK $\begin{pmatrix}-176\\-264\end{pmatrix}$
	8	≥1～3.5	GJ $\begin{pmatrix}-120\\-200\end{pmatrix}$	GJ $\begin{pmatrix}-120\\-200\end{pmatrix}$	GJ $\begin{pmatrix}-132\\-220\end{pmatrix}$	HK $\begin{pmatrix}-176\\-264\end{pmatrix}$	HK $\begin{pmatrix}-176\\-264\end{pmatrix}$	HK $\begin{pmatrix}-176\\-264\end{pmatrix}$
		>3.5～6.3	FG $\begin{pmatrix}-100\\-150\end{pmatrix}$	GH $\begin{pmatrix}-150\\-200\end{pmatrix}$	GJ $\begin{pmatrix}-168\\-280\end{pmatrix}$	GJ $\begin{pmatrix}-168\\-280\end{pmatrix}$	GJ $\begin{pmatrix}-168\\-280\end{pmatrix}$	GJ $\begin{pmatrix}-168\\-280\end{pmatrix}$
		>6.3～10	FG $\begin{pmatrix}-112\\-168\end{pmatrix}$	FG $\begin{pmatrix}-112\\-168\end{pmatrix}$	FH $\begin{pmatrix}-128\\-256\end{pmatrix}$	GH $\begin{pmatrix}-192\\-256\end{pmatrix}$	GH $\begin{pmatrix}-192\\-256\end{pmatrix}$	GH $\begin{pmatrix}-192\\-256\end{pmatrix}$
	9	≥1～3.5	FH $\begin{pmatrix}-112\\-224\end{pmatrix}$	GJ $\begin{pmatrix}-168\\-280\end{pmatrix}$	GJ $\begin{pmatrix}-192\\-320\end{pmatrix}$	GJ $\begin{pmatrix}-192\\-320\end{pmatrix}$	GJ $\begin{pmatrix}-192\\-320\end{pmatrix}$	HK $\begin{pmatrix}-256\\-384\end{pmatrix}$
		>3.5～6.3	FG $\begin{pmatrix}-144\\-216\end{pmatrix}$	FG $\begin{pmatrix}-144\\-216\end{pmatrix}$	FH $\begin{pmatrix}-160\\-320\end{pmatrix}$	FH $\begin{pmatrix}-160\\-320\end{pmatrix}$	GJ $\begin{pmatrix}-240\\-400\end{pmatrix}$	GJ $\begin{pmatrix}-240\\-400\end{pmatrix}$
		>6.3～10	FG $\begin{pmatrix}-160\\-240\end{pmatrix}$	FG $\begin{pmatrix}-160\\-240\end{pmatrix}$	FG $\begin{pmatrix}-180\\-270\end{pmatrix}$	FG $\begin{pmatrix}-180\\-270\end{pmatrix}$	FG $\begin{pmatrix}-180\\-270\end{pmatrix}$	GH $\begin{pmatrix}-270\\-360\end{pmatrix}$
公法线平均长度上偏差 *E_{ws} 及下偏差 E_{wi}	7	≥1～3.5	-114 -149	-114 -149	-132 -168	-132 -168	-162 -228	-192 -228
		>3.5～6.3	-111 -159	-111 -159	-126 -174	-164 -212	-164 -212	-164 -212
		>6.3～10	-124 -139	-124 -139	-140 -191	-140 -191	-180 -232	-180 -232
	8	≥1～3.5	-124 -176	-124 -176	-140 -191	-180 -232	-180 -232	-180 -232
		>3.5～6.3	-106 -128	-153 -176	-175 -245	-175 -245	-175 -245	-175 -245
		>6.3～10	-119 -144	-119 -144	-141 -219	-201 -219	-201 -219	-201 -219
	9	≥1～3.5	-122 -193	-175 -245	-200 -281	-200 -281	-200 -281	-260 -341
		>3.5～6.3	-155 -183	-155 -183	-175 -276	-175 -276	-250 -351	-250 -351
		>6.3～10	-172 -203	-172 -203	-196 -226	-196 -226	-196 -226	-281 -310

注：1．本表不属于 GB 10095-88，仅供参考。

2．表中给出的偏差值适用于一般传动。

3．对外啮合齿轮：

公法线平均长度上偏差 $E_{ws}=E_{ss}\cos\alpha-0.72F_r\sin\alpha$；

公法线平均长度下偏差 $E_{wi}=E_{si}\cos\alpha+0.72F_r\sin\alpha$。

*表中 E_{ws} 和 E_{wi} 值是在第Ⅰ公差组和第Ⅱ公差组精度等级相同的条件下，按注 3 公式计算出来的。

第十四章　设计计算示例

题目：设计带式运输机传动装置

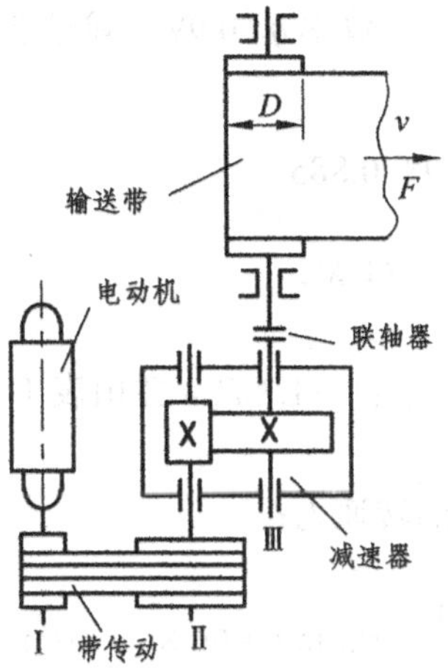

图 14.1

原始数据：运输带的有效拉力 f=3 000N

运输带的线速度 v＝1.4m/s

驱动卷筒直径 D＝400 mm

一班制连续工作，使用期五年，载荷比较平稳，单向运转。

一、电动机的选择和动力参数的计算

1. 选择合适的电动机。

（1）选择电动机类型。按照工作要求和条件，选用 Y 系列一般用途的全封闭自扇冷笼型三相异步电动机。

（2）确定电动机功率。工作机所需的功率 P_W 为：

$$P_W = \frac{Fv}{1000\eta_W} \quad \text{(kW)}$$

式中，F=3 000N，v=1.4m/s，带式输送机的效率 η_W=0.94（见表 10-5），代入上式得：

$$P_W = \frac{3000 \times 1.4}{1000 \times 0.94} \text{ (kW)} = 4.47 \text{ (kW)}$$

电动机的输出功率　$P_o=\dfrac{P_W}{\eta}$　（kW）	
式中，η为电动机至滚筒主动轴传动装置的总效率（包括V带传动、一对齿轮传动、两对滚动球轴承器等的效率），其值按下式计算：	
$\eta=\eta_b\eta_g\eta_r^2\eta_c$	
由表10-5查得：V带传动效率η_b=0.95，一对齿轮传动（8级精度、油润滑）效率η_g=0.97，一对滚动轴承效率η_r=0.99，弹性套柱销联轴器效率η_c=0.98，因此，	
$\eta=0.95\times0.97\times0.99^2\times0.98=0.885$	η=0.885
所以：$P_o=\dfrac{P_W}{\eta}=\dfrac{4\cdot47}{0.885}=5.05$　（kW）	
选取电动机的额定功率，使$P_m=(1\sim1.3)P_o$，并由表10-3中取电动机的额定功率为P_m=5.5kW。	
确定电动机的转速，滚筒轴的转速为：	
$n_w=\dfrac{60v}{\pi D}=\dfrac{60\times10^3\times1.4}{400\pi}$（r/min）=66.85（r/min）	
按推荐的各种传动机构传动比的范围，取V带传动比i_b=2～4，单级圆柱齿轮传动比i_g=3～5，则总传动比范围为：	
$i=(2\times3)\sim(4\times5)=6\sim20$	
电动机可选择的转速范围相应为：	
$n'=i\cdot n_w=(6\sim20)\times66.85$（r/min）=401～1 337　（r/min）	Y132M2－6 三相异步电动机
电动机同步转速符合这一范围的有750r/min和1 000r/min两种类型。为降低电动机的质量和价格，由表10-3选取同步转速为1 000r/min的Y系列电动机Y132M2－6，其满载转速为n_m=960r/min。	P_m=5.5kW n_m=960 r/min
2. 计算传动装置的总传动比并分配各级传动比	
（1）传动装置的总传动比。	
$i=\dfrac{n_m}{n_w}=\dfrac{960}{66.85}=14.36$	
（2）分配各级传动比。	i=14.36
由式$i=i_bi_g$，为了使V带传动的外廓尺寸不致太大，取带传动比i_b=3（注：①$i_b<i_g$；②i_b与i_g差异不要太大），则齿轮传动的传动比为	i_b=3 i_g=4.79
$i_g=\dfrac{i}{i_b}=\dfrac{14.36}{3}=4.79$	

3. **计算传动装置的运动参数和动力参数**

（1）各轴的转速。

Ⅰ轴（电动机、小带轮轴）：$n_{\mathrm{I}}=960$　(r/min)

Ⅱ轴（大带轮、小齿轮轴）：$n_{\mathrm{II}}=\dfrac{n_m}{i_b}=\dfrac{960}{3}$ (r/min) =320　(r/min)

Ⅲ轴（大齿轮、滚筒轴）：$n_{\mathrm{III}}=n_W=\dfrac{n_{\mathrm{II}}}{i_g}=\dfrac{320}{4.79}$ (r/min) =66.81　(r/min)

（2）各轴的功率。

Ⅰ轴（电动机、小带轮轴）：$P_{\mathrm{I}}=P_o=5.05$　(kW)

减速器高速轴Ⅱ轴（大带轮、小齿轮轴）：$P_{\mathrm{II}}=P_{\mathrm{I}}\,\eta_b=5.05\times0.95=4.8$　(kW)

减速器低速轴Ⅲ轴（大齿轮轴）：$P_{\mathrm{III}}=P_{\mathrm{II}}\,\eta_r\eta_g=4.8\times0.99\times0.97=4.61$　(kW)

轴　号	功率/kW	转速/（r/min）
减速器高速轴Ⅱ（小齿轮轴）	4.8	320
减速器低速轴 Ⅲ（大齿轮轴）	4.61	66.81

二、齿轮传动设计

1. **选择齿轮材料和热处理方法**

要设计的齿轮传动无特殊要求，故考虑选用闭式软齿面齿轮。小齿轮选用 45 钢，调质处理，硬度为 255HBS，大齿轮材料为 45 钢，正火处理，硬度为 220HBS。$[\sigma_{H1}]$=610MPa，$[\sigma_{H2}]$=490MPa，$[\sigma_{F1}]$=470MPa，$[\sigma_{F2}]$=345MPa。

小齿轮：45 调质
大齿轮：45 正火

2. **选择精度等级**

运输机为一般机械，速度较低，因此选择 8 级精度。

3. **强度计算**

由于是闭式软齿面齿轮，因此按齿面接触疲劳强度的设计公式计算小齿轮分度圆直径 d_1。

$$T_{\mathrm{II}}=9.55\times10^6\times P_{\mathrm{II}}/n_{\mathrm{II}}=9.55\times10^6\times4.8/320=1.43\times10^5\ (\mathrm{N\cdot mm})$$

$$d_1\geqslant\sqrt[3]{\left(\frac{671}{[\sigma_H]}\right)^2\frac{KT_{\mathrm{II}}}{\phi_d}\cdot\frac{i_g\pm1}{i_g}}=\sqrt[3]{\left(\frac{671}{490}\right)^2\frac{1\times143000}{1}\cdot\frac{4.79+1}{4.79}}=68.7\ (\mathrm{mm})$$

4. **选择小齿轮的齿数 z_1**

取 z_1=25（推荐 z_1 取值范围 20～30）

$z_2=z_1\times i_g=25\times4.79=119.75$　取 z_2=119。

确定模数　m=68.7/25=2.75，取 m=3 mm

z_1=25
z_2=119
m=3 mm

中心距　$a=m(z_1+z_2)/2=216$（mm）

主要尺寸

分度圆直径：$d_1=mz_1=3\times25=75$（mm），$d_2=mz_2=3\times119=357$（mm）

齿轮宽度：$b_2=\varphi_d\times d_1=1\times75=75$（mm），取 $b_2=75$（mm）

$b_1=b_2+$（5~10）（mm）=80（mm）

$b_1=80\text{mm}$
$b_2=75\text{mm}$

5. **验算齿根的弯曲疲劳强度**

复合齿形系数 $Y_{FS1}=4.24$，$Y_{FS2}=3.92$（可参考《机械设计基础》教材）

$$\sigma_{F1}=\frac{M}{W}\approx\frac{KF_tY_{FS}}{bm}=\frac{2KT_1Y_{FS}}{d_1bm}=\frac{2\times1\times143\,000\times4.24}{75\times75\times3}$$

$$=71.9\text{MPa}\leqslant[\sigma_{F1}]$$

$$\sigma_{F2}=\sigma_{F1}\frac{Y_{FS2}}{Y_{FS1}}=66.4\text{MPa}\leqslant[\sigma_{F2}]$$

强度足够

强度符合要求。

三、轴结构设计计算

1. **减速器高速轴结构设计**

（1）选择轴的材料。因该轴无特殊要求，故选用 45 钢调质。

（2）初估轴的外伸端直径。

高速轴：45 钢调质

$$d\geqslant C(P_{\text{II}}/n_{\text{II}})^{1/3}=(118\sim106)\times\sqrt[3]{\frac{4.8}{320}}=29.10\sim26.13\ (\text{mm})$$

考虑轴上有一键槽，将轴径增大 4%，即 $d=(29.10\sim26.13)\times1.04$ mm= 30.26～27.19 mm；轴头安装带轮，应取相应的标准值。查表 12-10，取 $d_1=d_{min}=28$ mm。

（3）轴的结构设计并绘制草图。

$d_1=d_{min}=28\text{mm}$

① 轴的结构分析。要确定轴的结构形状，根据轴上零件的定位、装拆顺序和固定方式及轴的工艺性要求等，初步确定轴的形状如图 14-2 所示。

② 确定轴各段的直径。根据轴各段直径确定的原则，本题中各段直径选取如下：轴段①为轴的最小直径，已取定 $d_1=28$ mm；轴段②要考虑带轮的定位和安装密封圈的需要，取 $d_2=35$ mm [取定位轴肩高 $h=(0.07\sim0.1)d_1$]；轴段③安装轴承，为便于装拆应取 $d_3>d_2$，且与轴承内径标准系列符合，故取 $d_3=40$ mm（轴承型号为 6208）；轴段④安装齿轮，此直径尽可能采用推荐的标准系列值（查表 10-6），但轴的尺寸不宜取得太大，故取成 $d_4=42.5$ mm；轴段⑤为轴环，考虑左面轴承的拆卸和右面齿轮的定位和固定，取轴径 $d_5=50$ mm；轴段⑥取与轴段③同样的直径，即 $d_6=40$ mm。

$d_2=35\text{mm}$
$d_3=40\text{mm}$
$d_4=42.5\text{mm}$
$d_5=50\text{mm}$
$d_6=40\text{mm}$

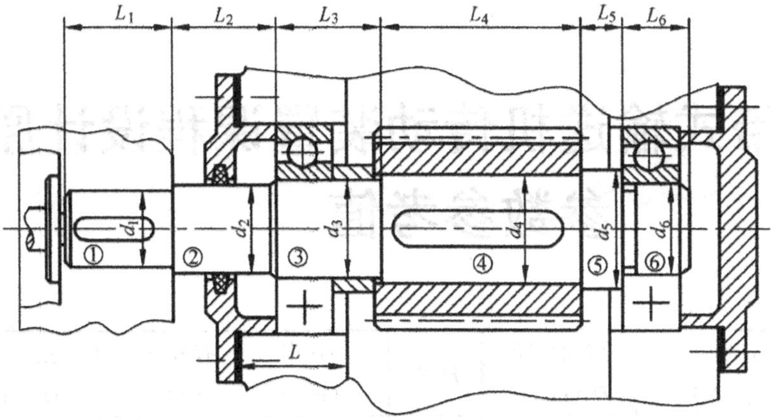

图 14-2

③ 确定轴各段的长度。为保证齿轮固定可靠，轴段④的长度应略短于齿轮轮毂长度（设齿轮轮毂长与齿宽 b_1 相等，为 80mm），取 L_4=78mm；为保证齿轮端面与箱体内壁不相碰，应留一定间隙，取两者间距为 10mm，为保证轴承含在箱体轴承孔中，并考虑轴承的润滑，取轴承端面距箱体内壁距离为 10mm（脂润滑，如为油润滑应取得小些）。故轴段⑤长度为 L_5=（10＋10）mm=20mm；根据轴承内圈宽度 B＝18mm，取轴段⑥长 L_6=19mm；因两轴承相对齿轮对称，故取轴段③长度 L_3=（2＋20＋18）mm=40mm。

L_4=78mm

为了确定 L_2，必须先确定箱体上轴承孔的长度 L。

• 考虑孔内安装零件，$L=B+m+\Delta_3$=18+（0.10～0.15）×80+10=36～40mm。为了避免拧紧螺钉时端盖歪斜，一般取 m=（0.10～0.15）D，D 为轴承外径。

L_5=20mm

• 考虑箱外联接螺栓扳手空间位置，$L\geqslant\delta+c_1+c_2$+5～8mm，为此，由表 5-3 可计算出箱体壁厚 δ=8mm，轴承端盖旁联接螺栓直径 d=12mm，由表 5-4 查出 c_1=18mm；c_2=16mm。则 $L\geqslant\delta+c_1+c_2$+(5～8)=8+18+16+6=48mm。比较孔内安装零件和箱外联接螺栓扳手空间位置的要求，取大值，所以取 L=48mm。

L_6=18mm

L_3=39mm

根据轴承外径 D=80mm，由表 11-7 查出轴承端盖厚度 e=10mm，轴承端盖上联接螺栓为 M8。由表 10-16 查出螺栓头部高度 $h\approx$6mm。

为保证带轮不与轴承端盖上联接螺钉相碰，并使轴承端盖拆卸方便，带轮端面与端盖间应留适当间隙，再根据箱体和轴承端盖的尺寸取定轴段②长度，$L_2=L-B-\Delta_3+e+h$＋(10～15)=48－18－10＋10＋6＋(10～15)=46～51mm，取 L_2=50mm；根据带轮孔长度 L=（1.5～2）d_1 mm，取 L_1=45mm。

L_2=54mm

2. **减速器低速轴结构设计**（略）

L_1=45mm

注意：低速轴外伸端直径的确定：

① $d\geqslant C\,(P_{\text{Ⅲ}}/n_{\text{Ⅲ}})^{1/3}$。

② 考虑轴上有一键槽，将轴径增大 4%。

③ 轴头安装联轴器，联轴器需要传递的转矩 $T=9\,550\dfrac{P_{\text{Ⅲ}}}{n_{\text{Ⅲ}}}$ 应按联轴器孔径取相应的标准值，查表 10-24。

附录一：带式输送机传动装置课程设计原始参数参考值

序号	线速度 v（m/s）	有效拉力 f（N）	滚筒直径 D（mm）	序号	线速度 v（m/s）	有效拉力 f（N）	滚筒直径 D（mm）
1	2.0	650	280	27	2.1	740	290
2	2.0	660	285	28	2.1	750	300
3	2.0	670	290	29	2.1	760	305
4	2.0	680	300	30	2.1	765	310
5	2.0	690	305	31	2.1	780	315
6	2.0	700	310	32	2.1	785	320
7	2.0	710	315	33	2.1	790	280
8	2.0	720	320	34	2.1	800	285
9	2.0	730	280	35	2.2	650	290
10	2.0	740	285	36	2.2	660	300
11	2.0	750	290	37	2.2	670	305
12	2.0	760	300	38	2.2	680	310
13	2.0	770	305	39	2.2	690	315
14	2.0	780	310	40	2.2	700	320
15	2.0	785	315	41	2.2	710	280
16	2.0	790	320	42	2.2	720	285
17	2.0	795	280	43	2.2	730	290
18	2.1	650	285	44	2.2	740	300
19	2.1	660	290	45	2.2	750	305
20	2.1	670	300	46	2.2	760	310
21	2.1	680	305	47	2.2	770	315
22	2.1	690	310	48	2.2	780	320
23	2.1	700	315	49	2.2	785	280
24	2.1	710	320	50	2.2	790	285
25	2.1	720	280	51	2.2	795	290
26	2.1	730	285	52	2.3	650	300

续 表

序号	线速度 υ（m/s）	有效拉力 *f*（N）	滚筒直径 *D*（mm）	序号	线速度 υ（m/s）	有效拉力 *f*（N）	滚筒直径 *D*（mm）
53	2.3	660	305	61	2.3	740	305
54	2.3	670	310	62	2.3	750	310
55	2.3	680	315	63	2.3	760	315
56	2.3	690	320	64	2.3	770	320
57	2.3	700	280	65	2.3	780	280
58	2.3	710	285	66	2.3	785	285
59	2.3	720	290	67	2.3	790	290
60	2.3	730	300	68	2.3	795	300

附录二：机械设计基础课程设计任务书

班级 ______________ 姓名 ______________ 学号 ______________

题目：设计带式运输机传动装置

一、带式输送机传动装置原始参数

1．运输带的线速度 v=　　　m/s

2．运输带的有效拉力 f=　　　N

3．驱动滚筒直径 D=　　　mm

4．一班制连续工作，使用期 5 年，载荷比较平稳，单向运转。

5．一级直齿圆柱齿轮减速器。

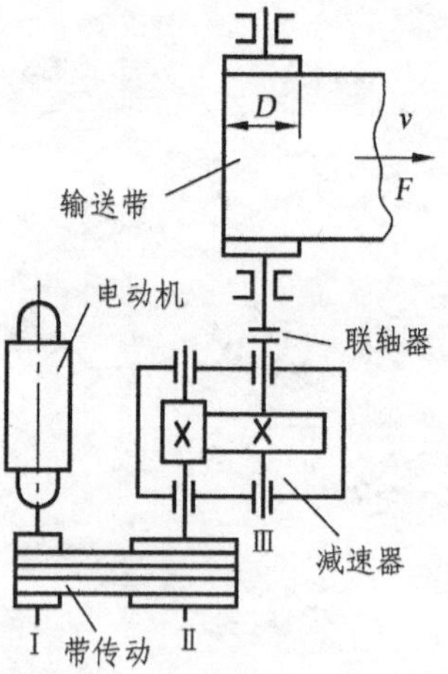

二、课程设计内容

1．选择电动机。

2．确定传动装置的总传动比和分配传动比。

3．选择联轴器。

4．V 带传动设计计算。

5．齿轮传动设计计算。

6．轴的设计计算。

7．轴承的设计。

8．键的设计。

9．减速器箱体、润滑及附件设计。

10．减速器装配图的设计及绘制。

11．零件（大齿轮、低速轴）工作图的设计及绘制。

设计指导老师

年　　月　　日

参考文献

[1] 陈铁鸣，新编机械设计课程设计图册[M]. 北京：高等教育出版社，2003.
[2] 王之栎，王大康. 机械设计综合课程设计[M]. 北京：机械工业出版社，2003.
[3] 胡家秀. 简明机械零件设计实用手册[M]. 北京：机械工业出版社，2003.
[4] 朱玉. 机械设计基础课程设计[M]. 北京：机械工业出版社，2012.
[5] 银金光，王洪. 机械设计课程设计[M]. 北京：中国林业出版社，2006.
[6] 成大先. 机械设计手册[M]. 5 版. 北京：化学工业出版社，2010.
[7] 胡家秀. 机械设计基础[M]. 北京：机械工业出版社，2002.
[8] 刘长荣. 机械设计基础[M]. 北京：中国农业科技出版社，2002.
[9] 陈立新. 机械设计课程设计[M]. 北京：中国电力出版社，2002.
[10] 吴宗泽. 机械设计[M]. 北京：人民交通出版社，2003.
[11] 唐俊. 机械设计基础[M]. 成都：西南交通大学出版社，2013.
[12] 吴宗泽. 机械设计课程设计手册[M]. 北京：高等教育出版社，2012.
[13] 李兴华. 机械设计课程设计[M]. 北京：清华大学出版社，2012.